江苏省“十四五”时期重点图书出版专项规划项目

当代逻辑教育丛书

逻辑与批判性思维

吴格明 著

南京师范大学出版社

图书在版编目（CIP）数据

逻辑与批判性思维 / 吴格明著. -- 南京 : 南京师范大学出版社，2025. 7. -- (当代逻辑教育丛书 / 吴格明主编). -- ISBN 978-7-5651-7038-6

Ⅰ. B81；B80

中国国家版本馆CIP数据核字第2025E54E61号

书　　名	逻辑与批判性思维
作　　者	吴格明
策　　划	姜爱萍
责任编辑	孙　沁
出版发行	南京师范大学出版社
地　　址	江苏省南京市鼓楼区北京西路 72 号(邮编:210024)
电　　话	(025)83598919(总编办)　83598412(营销部)　83598009(邮购部)
网　　址	http://press.njnu.edu.cn
电子信箱	nspzbb@njnu.edu.cn
照　　排	南京凯建文化发展有限公司
印　　刷	镇江文苑制版印刷有限责任公司
开　　本	710 毫米×1000 毫米　1/16
印　　张	16.25
字　　数	261 千
版　　次	2025 年 7 月第 1 版
印　　次	2025 年 7 月第 1 次印刷
书　　号	ISBN 978-7-5651-7038-6
定　　价	78.00 元

出版人　张　鹏

题　记

未经审视的生活是不值得过的。

——苏格拉底

前言

批判性思维，已经成为我们时代的重要话题和文化概念。互联网上“批判性思维”的条目数以万计，其英文形式“critical thinking”的条目更是数以百万计。在许多发达国家，批判性思维素养已经成为最重要的教育目标。在我国，本世纪初学界开始重视批判性思维的研究。2003年，中国逻辑学会形式逻辑专业委员会年会的主题正是“批判性思维”。2003年11月，语文出版社出版吴格明的《逻辑与批判性思维》。2004年2月，山西人民出版社出版罗楠《批判性思维》。2005年，武宏志、刘春杰《批判性思维——以论证逻辑为工具》在陕西人民出版社出版。2006年，谷振诣、刘壮虎《批判性思维教程》在北京大学出版社出版。2010年董毓《批判性思维原理和方法——走向新的认知和实践》在高等教育出版社出版。2016年，谢小庆《审辩式思维》在学林出版社出版。2017年欧阳林《批判性思维与中学语文学习》在中国人民大学出版社出版。2024年商务印书馆出版余党绪《思辨读写十讲》，王宁先生作序。2012年华中科技大学刘玉教授、董毓教授主持召开“高校批判性思维学术研讨会”，并举办“批判性思维培训班”。此后每年举办一期学术会议和培训班。2014年，教育部“高等学校文化素质教育指导委员会批判性思维教育和创新教育分指导委员会(筹)”成立。2015年，余党绪老师率先在基础教育领域举起批判性思维教育的旗帜，首届全国中学语文批判性思维教学现场会在重庆巴蜀中学召开。2016年，首届基础教育批判性思维学术研讨会在北京八一学校召开。2017年，徐飞领衔申报的国家社科基金项目“普通高中学生批判性思维培养研究”开题会议在南京中华中学举行，会议呈现 9 个学科的 18 节观摩课。2024 年，第七届全国基础教育批判性思维和创新教育研讨会在上海师大附中举行，盛况空前。2023 年中国逻辑学会成立批判性思维专业委员会。20 多年来，批判性思维的研究和批判性思维教育已经形成风气。

本书努力的主要方向是内容的精简和结构的优化。从来没有哪个学科或哪个领域像批判性思维这样内容冗杂和散乱。同样是批判性思维的书，内容差异之大令人惊异。例如，艾伦和罗蒂提出了 17 种批判性思维能力。而恩尼斯却开出了 12 个方面的清单。美国“德尔菲计划”提出的批判性思维能力是 6 个方面。而较早研究批判性思维的史密斯则提出了 16 种能力。美国的约翰·查菲教授提出了批判性思维应当特别关注的 14 类问题。国内批判性思维的书，也有这方面的遗憾和困惑。内容的不确定，说明了内容的冗杂，也就是说，其中一定有些内容不是批判性思维所必需的。去除冗杂的内容，将使批判性思维的研究和学习变得更加清晰、简单和明朗。接下来的问题是次序，即究竟应当什么内容在前，什么内容在后。其中必定存在规律。按照合乎规律的次序学习和研究，一定可以改善效果或提高效率。条理不仅在于次序，而且在于结构框架。也就是说，哪个小点应当归属哪个大的问题。其中也一定有如何处理更合乎规律、系统更完备的问题。改善结构，安排好条理，同样是批判性思维研究和表达应当解决的问题。也许我们暂时还找不到尽善尽美的方案，但总可以处理得相对好些。

关于条理，其中最大的问题是处理好逻辑与批判性思维的关系。很多批判性思维的书，把逻辑混在批判性思维里面，这样的体系感觉比较乱。尤其会使初学者感到眼花缭乱。本书的处理是将逻辑与批判性思维分开。逻辑的归逻辑，批判性思维的归批判性思维。哪些是逻辑，哪些是逻辑的应用，层次分明，眉清目秀。正所谓通道必简。

目 录

上篇　批判性思维

中篇　逻辑

下篇 批判性思维实践

——以语文教育的反思为例

上篇

批判性思维

第一章

批判性思维的特质

第一节 反思：批判性思维的本质

一、反思就是将思维作为思维的对象

"批判性思维"可追溯到杜威的"反省性思维"。杜威在《我们如何思维》一书中提出了"反省性思维"这一概念。其定义是："反省性思维是对任何信念或被假定的知识形式，及其支持理由和它所指向的进一步的结论，进行的能动持续而细致的思考。"[①]被引用比较多的是恩尼斯的定义："批判性思维是聚焦于决定相信什么和做什么的反省的和合理的思维。"[②]最简捷的是麦克·派克的定义："批判性思维是一种反思的倾向和技巧。"[③]最详细的定义是美国哲学学会组织46名专家反复磋商的集体意见："批判性思维是有目的的、不断自我调整的判断。这种判断表现为解释、分析、评估、推论，以及对作出判断的证据、概念、方法、和其他必要条件的说明。批判性思维是最基本的探索工具。批判性思维是教育的解放力量，是一个人个人生活和公共生活的强大资源。批判性思维不只是一种良

① [美]约翰·杜威. 我们如何思维[M]. 北京：新华出版社，2010：10.

② Robert H. Ennis. Critical Thinking：A Streamlined Conception[J]. Teaching Philosophy，1991，14(1)：5－24.

③ 曾美英，侯伯明主编. 应用教育心理学[M]. 贵阳：贵州人民出版社，2008.

好的思维能力，它是无处不在的、自我调整以适应环境的人类现象。”①

从这些有代表性的定义中，可以看到，批判性思维的本质在于“反思”。美国哲学学会的定义，尽管没有用“反思”“反省”之类的术语，但“不断自我调整”的表述，同样说明了批判性思维的反思本质。所谓反思，就是把思维作为思维的对象。“金属是导体”，思维的对象是客观世界的事物，这是一般的思维。不是反思。“鲸鱼是鱼”“鲸鱼不是鱼”都不是反思。“鲸鱼不是鱼，因为鲸鱼不是卵生的。”这一论证不是反思。“鲸鱼是鱼，因为鲸鱼的名字里有鱼字”，这一论证也不是反思。“‘鲸鱼是鱼，因为鲸鱼的名字里有鱼字’这一论证不成立，因为事物的名称未必反映事物的特质。”是反思，其思维对象是“鲸鱼是鱼，因为鲸鱼的名字里有鱼字”这一论证。“‘鲸鱼不是鱼，因为鲸鱼不是卵生的’这一论证成立。”是反思，其思维的对象是“鲸鱼不是鱼，因为鲸鱼不是卵生的”这一论证。“今天晚上我想吃饺子”不是反思，——“不行，家里没有面了”是反思，——“我去买面吧”是反思。“鲁迅的小说不是一天可以读完的，《孔乙己》是鲁迅的小说，《孔乙己》不是一天可以读完的。”这个三段论不是反思。“该三段论犯了四概念错误。”这是反思。

反思是人类特有的理性智慧。我们说批判性思维的灵魂是人类理性，主要就在于反思的理性价值。只有人类才能反思，才能将思维本身作为思维的对象。倡导批判性思维，其根本就在于倡导反思。没有反思，也就没有批判性思维。

二、反思是人类认知发展的必由之路

反思是人类探索自然奥秘的必由之路。科学理论就是在不断反思的过程中发展的。开普勒、亚里士多德的时代，人们认为地球是宇宙的中心。哥白尼反思地心说，提出日心说，带来了天文学的革命，开创了各门科学向前发展的新时代。而现在人类的科学常识是，宇宙没有中心。爱因斯坦反思牛顿的经典物理学，提出了相对论，成为20世纪最伟大的创造。光的波粒二象性也是反思的结果。原

① P. Facione. Critical Thinking: A Statement of Expert Consensus for Purposes of Educational Assessment and Instruction(《批判性思维:教育评估与教学目的的专家共识声明》)[R]. 1990.

来，有些科学家认为光是波，有些科学家认为光是粒子。后来双方经过反思，发现光既是波又是粒子。无论是科学家个体还是整个人类，对光的认知都前进了一大步。

也正因为有了反思，人类可以通过科学假说更积极地发展科学。对于科学原理暂时解释不了的现象，科学家可以通过猜想而提出科学假说，然后再来验证这一假说。如果假说被证伪，就放弃这一假说。如果假说被证实，那么，假说就具有了一定的真理性，假说被证实的次数越多，就越接近真理。假说验证的过程，就是一个反思的过程。“大陆漂移说”是一个典型的科学假说。1910年，德国气象学家魏格纳偶然发现大西洋两岸的轮廓极为相似。经过研究提出了大陆漂移学说。该学说认为在古生代后期地球上存在一个“泛大陆”，相应地也存在一个“泛大洋”。后来，在地球自转离心力和天体引潮力作用下，泛大陆的花岗岩层分离并在分布于整个地壳中的玄武岩层之上发生漂移，逐渐形成了现代的海陆分布。该学说成功解释了许多地理现象，如大西洋两岸的轮廓问题；非洲与南美洲发现相同的古生物化石及现代生物的亲缘问题；南极洲、非洲、澳大利亚发现相同的冰碛物；南极洲发现温暖条件下形成的煤层等等。但这一假说有一个地壳动力学的弱点。20世纪50年代，美国学者赫斯提出海底扩张学说，加上古地磁研究的证据的支持，“大陆漂移说”开始形成。爱因斯坦的相对论就是一个从假说到科学真理的典范，而“以太说”是一个被证伪的假说。

人们的学习过程，也应当是通过反思而发展认知的过程。因而教师的教学，应当引导学生积极地反思。以《看云识天气》的阅读教学为例：教师让学生将课文中的八种云分类。学生分出了“晴天的云”和“雨雪天气的云”。教师提醒学生阅读课文中“那些低而厚密的云层，常常是阴雨风雪的预兆”的句子，问学生“预兆”什么意思？学生经过反思，将两类云修改为“晴天将持续的云”和“雨雪天气将来临的云”。

三、反思是实践进步的康庄大道

反思也是人类调整实践的重要方法，是实践进步的康庄大道。人类的实践不可能完全契合事物的规律，因而可能出现错误，偏离甚至背离实践的目的。这就需要通过反思加以调整。就拿种地来说，下多少种子，浇多少水，施多少肥，都需要通过反思加以调整。再拿治病来说，用什么药，用多大剂量，也需要通过反思来调整。

红军长征初期，李德、博古的错误指挥造成了很大的损失，通过反思，遵义会议纠正了李德、博古的错误，于是长征就胜利结束。“文革”的极“左”路线，造成了经济、政治、文化的诸多弊端。通过反思，十一届三中全会纠正了“文革”的错误路线，改革开放带来了社会的进步。任何社会改革都是反思的结果。反思的水平影响甚至决定了改革的成败得失。

基础教育课程改革也是如此。任何改革都是针对现状的，都是为了克服现状的弊端。如果不能清醒地认识课程改革之前语文教学的主要弊端，语文课程改革就必定是盲目的。许多人认为，课程改革之前的语文教学少了感性，多了理性。语文课程改革加强感性，重视情感、语感、感悟，这是正确的。因为课程改革之前的语文教育的确少了感性。课程改革之前的语文教学多了理性的看法却并不符合实际，我们究竟有多少教学现象能够说明语文教学中理性因素过多？有人批评课程改革之前的语文教学是科学主义泛滥，他举的例子是，小学生考试，“天是______”填空，只能填“蓝蓝的”，不能填“灰灰的”。[①]明明是不尊重事实，缺乏科学态度和理性精神，哪里是什么科学主义泛滥？中国的教育从来就没有多过真正的理性。

其实课程改革之前的语文教学的主要弊端是多了知性，少了感性和理性。许多教师习惯于让学生记段落大意和主题思想的笔记，喜欢大讲特讲作品的时代背景和作者生平，一些教师不厌其烦地讲解语法修辞知识。先不说许多知识是无用的，即使有用，也是多了知性，哪里是多了理性？

对语文课程改革之前语文教学弊端的错误认识，对人文精神的片面理解，使得语文课程改革实践及其相关的理论研究在相当程度上缺失理性的价值坐标。理性的缺失使许多人不自觉地将语文课程的三维目标片面地消解为情感态度价值观一个维度，进而消解了态度和价值观，只剩下狭隘的情感。许多语文教学实践不认真学习文本的语言形式，只讨论所谓的文化内涵。而对文化内涵的讨论

① 韩军.限制科学主义，张扬人文精神——关于中国现代语文教学的思考[J].语文学习，1993(01).

又不是从文本的解读出发，满足于学生肤浅的所谓体验。

写作其实也是某种实践。修改文章，其实就是实践的反思调整。许多文章往往反复修改，其实就是不断地反思调整。曹雪芹的《红楼梦》，甚至“披阅十载，增删五次”。王安石的“春风又绿江南岸”也是多次反思的结果。贾岛的“两句三年得，一吟双泪流”反思了多少次！

个体的生活经验需要反思。无论什么工作都需要长善救失。孔子主张人生“不二过”。而反思正是不二过的重要条件。刻舟求剑，郑人买履等寓言都是反思。“老吾老，以及人之老，幼吾幼，以及人之幼”，正是人类社会超越动物本能的道德反思。因为人们认识到，只有这样社会才更和谐，更幸福。人类合理的价值取向无不是反思的结果。反思最深刻的价值关乎人类福祉。诚如苏格拉底所言：“未经反省的生活是不值得过的。”

四、教育更需要反思

近年来，“高阶思维”在学界特别是教育界已经成为热词。然而许多关于高阶思维的讨论，其定义是有问题的。例如：“所谓高阶思维，是指发生在较高认知水平层次上的心智活动或认知能力。”这等于什么也没有说。人们要问：“什么是较高水平层次的心智活动或认知能力？那是不是又要说“高阶思维层次”？可那就是典型的循环论证。其实，所谓高阶思维，就是反思。因为反思将思维作为思维对象，当然就较之普通思维高一个阶段，高一个层次。

作为高阶思维的反思，作为人类所特有的反思，是一种极其重要的思维能力，也是当今世界人才选拔的根本尺度，或者说核心竞争力。这是一个知识经济初露端倪的时代。知识经济重视的偏偏不是知识。“知识就是力量。”这是培根那个时代的声音。知识经济倡导和崇尚的是知识的创新。如何才能实现知识创新，那就要反思。创新离不开对旧有事物或旧有知识的反思。只有反思，才能发现旧有事物和旧有知识的缺陷或弊端，才能激发创新的动力，指明创新的方向。

反思在教育领域，对于学生的成长具有更为重要的价值。倡导批判性思维教育的主要意义就在这里。一方面，未来的人才特别需要反思能力。另一方面，学生当下的学业离不开反思能力。具有反思意识和反思习惯的学生方能获得各个学科的顺畅发展。学生的学业，只有经过反思，才能发现和纠正学习过程中的错误，才能使知识融会贯通，才能将知识和技能转化为素养。在布鲁姆的教育目标分类中，属于高阶思维的分析、评价和创造，都有赖于反思，或者说其实质都是反思。

第二节　求真：批判性思维的目标

一、认知的本质在于求真

批判性思维的目标在于求真。我们之所以要反思，就是要推翻或放弃假的认知或错误的思想，确信真实的或正确的认知或思想。之所以要质疑，就是要问一问某个认知或思想究竟是不是真的。如果是假的，我们就推翻或放弃。如果是真的，我们就坚信。求真是人类理性的深刻基点，人类智慧之大要。真理是人类求真的成就。真知是人类个体求真的结果。余党绪老师“思辨性阅读”的内涵：“基于文本，立足反思，旨在求真。”陈兴才老师说：“没有求真，哪来的史学、社会学、科学。”

人类基本的价值坐标有真善美。伦理学求善，艺术求美，认知科学求真。具体地说，逻辑的目标在于求真。作为逻辑应用或应用逻辑的批判性思维的目标正在于求真，在具体情境中的求真。宽泛地说，所有思维的目标都是求真。但批判性思维与一般思维的求真处于不同层次。一般思维求真的真是隐含着的。例如认为“菠菜富含草酸”，就是认为“菠菜富含草酸”这句话是真的。但人们只说“菠菜富含草酸”，而不说“‘菠菜富含草酸’这句话是真的”。其实，“‘菠菜富含草酸’这句话是真的。”正是批判性思维说的话。当我们说：“‘菠菜富含草酸’这句话是真的吗？就是在开始批判性思维了。当我们说“‘菠菜富含草酸’这句话是真的”，或者说“‘鲸鱼是鱼’这句话是假的”，都是在进行批判性思维。我们反思一句话或一个命题或一个判断，就是探求这句话或这个命题或这个判断的真实性。有人解读杜甫《石壕吏》，说那是公务员正当执行公务，说“急应河阳役，犹得备晨炊”是老妇支持配合公务员执行公务。那么，文本中“有吏夜捉人”一句，就是对此说最好的反驳，证明此说为假。我们反思一个推理，就是在探求这个推理结论的真实性。如果该推理无效或者有虚假前提，那么这个推理的结论的真实性值得怀疑；如果这个推理有效并且所有前提均真，那么这个推理的结论真实。我们反思一个论证，就是在探求这个论证的论题的真实性。如果这个论证遵守了所有的论证规则并且所有论据真实，那么这个论证成立，即该论证的论题真实；如果这个论证未遵守所有的论证规则或并非所有论据真实，那么该论证不成立，或该论证的论题的真实性值得怀疑。

当然，仅仅确定一个推理的结论或论证的论题的真实性值得怀疑，批判性思维的任务尚未完成。批判性思维还要探求这个结论或论题究竟是真的还是假的，并且要能够解释该结论或论题为什么真或为什么假。我们确定这一结论或论题是假的，那么最好还要提出与之相关的真实命题，或者叫作提出替代性选择。

二、相信什么与做什么

恩尼斯的定义：“批判性思维是聚焦于决定相信什么和做什么的反省的和合理的思维。”其中“决定相信什么”，就是决定什么是真的或相信什么是真的，就是求真。那么“决定做什么”与求真是什么关系？如果说“决定相信什么”的意义是认知，那么“决定做什么”的价值是决策。决策与求真之间是什么关系呢？其实，决策意义与认知意义并不是同一个层面上的并列关系。他们是相通的。“决定做什么”就是“‘做什么’的决定”是真的。也就是说，“决定做什么”可以递归到“决定相信什么”，决策目标可以递归到求真目标。

从杜威和麦克·派克对批判性思维的定义，也可以看出，批判性思维的求真与决策意义不在一个层面上。杜威说：“反省性思维是对任何信念或被假定的知识形式，及其支持理由和它所指向的进一步的结论，进行的能动持续而细致的思考。”麦克·派克说：“批判性思维是一种反思的倾向和技巧。”他们的定义中都没有“决定做什么”的表述。

从恩尼斯本人对批判性思维的界定的发展脉络，也可以看出“决定相信什么”与“决定做什么”不在一个层面上。20世纪六七十年代，恩尼斯对批判性思维的界定有所窄化，不表述批判性思维的决策意义。到20世纪80年代，恩尼斯又宽化了批判性思维的界定，将决策意义放了进来。这说明，在恩尼斯看来，批判性思维的目标在本质上就是求真。

三、求真与求优

批判性思维还有求优的功能。那就是给出替代性选择，给出优于反思对象的替代性选择。例如工厂里的技术革新，目的在于使产品质量更好，款式更受市场欢迎，或是改进工艺流程，节省工时，降低成本。又如书法家改进笔法，使书法作品更有艺术魅力。学生变换解题思路，减少做题时间，或使做题过程更加轻松。编程师改进软件设计，使软件扩展功能或使用方法更便捷。人工智能的进步，可以使系统更强大，甚至层级更高。等等。这些情况都是对原有事物或原有思路加以改造的思维，都是批判性思维，其目标都在于求优。

分粥的方式可以有多次求优。开始，有人决定由一人分粥，分粥的人有选择权，并且他本人充当了分粥的角色。于是他分给自己的粥最多。人们反思这种方式的弊端，改为决策权与执行权分离，也就是决定如何分粥的人与执行分粥的人不是同一个人。但执行分粥的人还是给自己的粥最多。人们又反思这种方式的弊端，改为执行权与选择权分离，也就是分粥的人最后拿粥。这种方式制约分粥者把粥分匀，否则他自己吃亏。人们又反思这种方式的弊端，改为大家轮流分粥，以免老是一个人既有分粥的麻烦又拿最凉的粥。

求优与求真是什么关系？其实求优的目标同样可以递归为求真。任何行动或行为都与认知相关，都以认知为基础，为条件或为前提。新的设计或思路更好更优，归根结底就是关于更好更优的认知为真。

四、关于“批创思维”的反思

有批判性思维研究者提出“批创思维”的概念。“批创思维”的说法不妥。“批创思维”就是“批判创新思维”的缩略。与此相关的表达是“批判性思维与创新思维教育”。教育部高校素质教育指导委员会下有“批判性思维与创新思维教育分指导委员会(筹)”。“批判性思维与创新思维教育”这一偏正词组的定语是“批判性思维与创新思维”,其中“批判性思维”和“创新思维”是并列关系。也就是说,批判性思维与创新思维是两种不同的思维。尽管批判性思维与创新思维有关系,批判性思维可以促进或矫正创新思维。但批判性思维与创新思维毕竟是两种不同的思维。德波诺将批判性思维与创新思维比作社会进步的两轮。而“批创思维”或“批判创新思维”是一种思维。这一说法有诸多弊端。首先,“批创思维”是一个生造词语,让人莫名其妙。正如“感性”和“理性”是认知过程的两个阶段,如果谁发明一个“感理性”的说法,那一定是莫名其妙的。其次,窄化了批判性思维的价值。批判性思维有诸如认知功能、决策功能、帮助创新等多方面的价值。而“批创思维”的说法却窄化了批判性思维的价值,使人误以为批判性思维只有帮助创新的功能。大米可以包粽子,但包粽子只是大米的一项功能。如果谁发明一个“大粽米”的说法,岂不窄化了大米的功能。再次,这一说法的主要弊端在于弱化了批判性思维的主要功能,即认知求真的功能。因为批判性思维认知求真的功能可以帮助人们追求真理而消除谬误。这是批判性思维对于人类社会生活的主要价值和根本意义。让我们重申苏格拉底的名言:“未经审视的生活是不值得过的。”

第三节　质疑:批判性思维的起点

一、批判性思维的起点是质疑

批判性思维从质疑开始,质疑是批判性思维的起点。质疑,就是对某个命题或思想表示怀疑。例如:“鲸鱼是鱼吗?”这是对“鲸鱼是鱼”这一命题的质疑。“鲸鱼不是鱼吗?”是对“鲸鱼不是鱼”这一命题的质疑。前文我们说到,反思是批判性思维的本质,而反思正是从质疑开始的。反思的对象可以是一个命题、一个推理或一个论证,可以是一句话、一篇文章、一本书,可以是一个历史事件的评价、一个历史人物的评价,一个科学定理、一个科学假说、一个科学实验的结论等。无论一个反思的对象多复杂，一个反思的过程多长，反思都要从质疑开始。例如："地心说对吗？""火烧赵家楼是正确的行为吗？""这篇文章我理解了吗？""他的解题思路是最佳方案吗？"鲁迅有一个经典的质疑："从来如此，便对吗？"

质疑的对象可以是论证的论题，可以是论据，也可以是论证方式。对于"智力早熟就会早亡"的论证，有人直接对论题进行质疑："智力早熟就会早亡吗？"然后用一些智力早熟却长寿的反例来驳斥。梁实秋说文学当描写永久不变的人性，莎士比亚以前的文学没有描写永久不变的人性，所以消灭了。鲁迅问道：既然莎士比亚以前的文学都消灭了，上海的教授怎么知道是没有描写人性而消灭的呢？这是质疑对方的论据。对于"共产主义者是不怕死的，李大钊是不怕死的，所以李大钊是共产主义者"这一推理，我们可以质疑其推理形式："这一三段论有效吗？"批判性思维质疑的对象还可以是隐含的前提。例如，"中国人不应当过圣诞节"，其隐含的前提可能是"中国人不应当过洋节"。

批判性思维经常质疑别人，但首先要质疑自己。批判性思维本质上是质疑一个说法，一个想法。伯特兰·罗素说："在现实世界中，愚蠢的人总是自信满满，而聪明的人却疑虑重重。"特别要质疑自己想当然的思想。例如，有人说："知识经济，就是重视知识。"可是他忘了培根早就说过："知识就是力量。"

质疑是一种疑问。但并非所有的疑问都是质疑。对思维作为思维对象提出疑问是质疑。例如："凭什么说应当否定议论文三要素？"是对"应当否定议论文三要素"这一判断提出疑问，因而是质疑；而对一般事物的提出疑问则是询问。例如："您是哪里人？""您贵姓？""小朋友，你几岁了？""今天几号了？""今天有雨吗？"这些都是询问。询问属于一般思维，而不属于批判性思维。

二、质疑的实质是悬置判断

质疑的实质，是悬置判断。也许我还不能确定我质疑的判断或命题是假的或错误的，但我怀疑其真实性或正确性。质疑与反思的结果，或是推翻成说，或是深化成说。这两种结果都是积极的、有益的。一位语文教师讲《陈太丘与友期行》，讲到元芳"入门而不顾"，老师说："元芳对父亲的朋友是不是不礼貌啊？"很多学生都说"是"。有一位学生说："老师，元芳入门而不顾，是因为父亲的朋友不守时间，不够诚信。如果元芳不这样做，怎么能生动地显示他对诚信的重视啊？”这一质疑帮助教师意识到教学的偏差而及时调整，这是揭示错误。《最苦与最乐》的教学，有学生问：“为什么写‘负责任是人生最大的痛苦’用了两个自然段，写‘尽责任是人生最大的快乐’用了一个自然段？”教师说明：在作者看来，负责任与尽责任不是完全对立的两种态度，而是事情的两个阶段。作者用较多的笔墨来论证“负责任是人生最大的痛苦”，然后加上“从苦中得来的乐才算真乐”这样一个论据，“尽责任是人生最大的快乐”便水到渠成。于是学生对文章的理解更加深入。

批判性思维的要义就是，任何思想都没有受到质疑的豁免权，任何思想都有为自己辩护的权利。质疑是一种精神气质。质疑是独立精神和自由意志的表现。马克思的格言是“怀疑一切”。丘吉尔说：“当我们不会质疑的时候，骗子便产生了。”社科院赵汀阳先生说：“真正精纯的思想必须首先不相信。”托马斯·赫胥黎在《论改进自然知识的可取性》中说：“自然知识的改进者会绝对地拒绝承认权威。对他来说，怀疑是其最高境界。盲目信仰是一种不可饶恕的罪过。事实就是如此，因为自然知识的每一次重大进步都是对权威的绝对排斥，以及对最敏锐的怀疑主义的珍视。”

三、质疑与追问

高水平的质疑可以形成追问，从而形成思想的深入。质疑与追问的源头可以追溯到苏格拉底的精神助产术。这里，不妨让我们来欣赏苏格拉底与埃弗奇詹姆的一次谈话。

埃：我知道所有正义性事情和非正义性事情。

苏：你把欺骗列入哪一类呢？

埃：一切欺骗都是非正义的事情。

苏：战略家欺骗自己的敌人，应当属于哪一种情形？

埃：这种情况是正义的。……欺骗朋友是非正义的，欺骗敌人是正义的。

苏：当战略家看到士气低落时，故意对他们说出盟军即将到来的谎言，从而提高了士气。这是正义还是非正义呢？

埃：虽然战略家欺骗的不是敌人而是朋友，但这种欺骗应当属于正义的事情。

人类的思想光辉是相通的。我们不妨再欣赏一下《戴震难师》的故事。

先生是年乃能言，盖聪明蕴蓄者久矣。就傅读书，过目成诵，日数千言不肯休。授《大学章句》，至“右经一章”以下，问塾师：“此何以知为孔子之言而曾子述之？又何以知为曾子之意而门人记之？”师应之曰：“此朱文公所说。”即问：“朱文公何时人？”曰：“宋朝人。”“孔子、曾子何时人？”曰：“周朝人。”“周朝、宋朝相去几何时矣？”曰：“几二千年矣。”“然则朱文公何以知然？”师无以应，曰：“此非常儿也。”

四、质疑示例

1. 人民陪审员

法院需要增设人民陪审员制度，也就是请非法官非律师的各界人士参与庭审，以增强法庭审判的公正性。但一些地方的人民陪审员经常因故不出席。为了保证陪审员的出庭率，有的法院提出让人民陪审员专业化。有人问：“一旦专业，那还是人民陪审员吗？”

2. 过不过圣诞节

有人反对过圣诞节：“我们不该过圣诞节，那是洋节，是西方文化。”有人问：“元旦是不是洋节？五一劳动节是不是洋节？爱因斯坦的‘相对论’是不是西方文化？马克思的《资本论》是不是西方文化？《国际歌》是不是西方文化？”

3. 关于“对话教学”的质疑

“我们主张对话教学，以改变教师一言堂的问题。对话教学有不同的形式：师生对话、生生对话、生本对话”。生本对话就是学生与文本之间的对话。只要学生读课文，就是生本对话了。这样的对话教学能够解决一言堂的问题吗？

4. 三十六计是最高价值坐标吗?

某大学教授讲“三十六计”,说“李白让杨国忠研墨,让高力士脱靴,过早地暴露了自己”。我们要问:“难道三十六计是最高的价值坐标吗? 李白让杨国忠研磨,让高力士脱靴,何等的扬眉吐气! 岂是三十六计能够评价得了的!”

5. 别忘了我们的培养目标是公民

有人说:“孩子们应当学习《弟子规》。你是喜欢顺从你的人,还是和你对着干的人? 你愿意把孩子培养成孝子还是逆子? 孩子要不要守规矩? 做顺民有什么不好? 难道你希望中国的百姓都是刁民?”我们要问:“难道只有顺民和刁民? 为什么忘了公民?”

6. “合作学习”是专名还是通名?

有专家说:“合作学习并不是指一般意义上的语文学习中的合作,而是专指国外一种特定的学习方式和教学方式,这种学习方式的根本特点就是分组学习,强调的是组内的合作和组间的竞争。”那么,我们要问:《语文课程标准》提出的语文课程理念中的“合作学习”是一般意义上的,还是特指国外的那种特定的学习方式? 如果说课标中的“合作学习”是专名,那么这样一个语文教育的纲领性的文件为什么要把国外的某种特定的学习方式作为课程理念提出? 伴随着的问题是“自主学习”“探究学习”是专名还是通名? 要是专名,专指什么? 要是通名,“合作学习”的专名为什么要和另外两个通名列在一起? 如果《语文课程标准》中的“合作学习”是通名,那么我们的专家为什么要另搞一套?

第四节　理性:批判性思维的灵魂

一、批判性思维与理性精神

批判性思维是一种崇尚人类理性的精神气质。这种精神气质表现为好奇、怀疑、审慎的心态,不轻信,不盲从;而又思想开放,多元价值取向兼容;崇尚真理和人格独立,追求公正性、正确性和合理性。只有人类才能反思,才能将思想作为思想的对象。合理怀疑,合理置信,归根结底是人类理性。批判性思维的灵魂是人类理性。倡导批判性思维的根本意义在于倡导人类理性。培养批判性思维,也只有依靠理性精神。批判性思维者不仅需要批判性思维的技能,而且更需要批判性思维的精神气质,并借以养成批判性思维的意识和习惯。只有从不同的角度甚至不同的层面认识事物、分析事物,才能获得正确的认知,才能作出正确的判断。因而,批判性思维必须具有开放的胸襟和开放的文化视野。

二、理性是人类的本质特征

"理性"这一概念是柏拉图提出的。亚里士多德说:"人是理性的动物。"梁漱溟用"理性——人类的特征"作为其《中华文化要义》一书第七章的标题,这里表达的意义正是:"理性是人类的本质特征。"① 人以外的动物是靠本能生活的。唯独人类有理性,可以超越本能。人的伟大,在于理性思维。帕斯卡尔说:"人是能思想的苇草。"笛卡尔说:"我思故我在。"理性是对于本能的超越。这种超越,既是一种提升,也是一种解放。如果没有这种超越,人类只能生活在蒙昧状态。凭着这种超越,人类拥有语言,可以进行社会交流。凭着理性,制造和使用生产工具,创造科学技术,从根本上改变了人类与自然的关系,成为万物的灵长。凭着理性,人类有了社会契约,以此来调整人与人之间的关系。理性,是科学和民主的共同基石。理性,是人类智慧的集中体现。

理性,不仅具有智商的价值,而且具有情商的意义。理性是健全人格不可或缺的精神内核。一个理性淡漠的人,不可能有强烈的社会意识和社会责任感,不可能有凛然的正义感和深刻的民主精神,也不可能有追求和坚持真理的高尚情怀。更不可能有思考人类命运的终极关怀。只有具备健全理性的人,才能自觉地追求真善美,才能有高尚的价值观和博大的胸襟。

理性包含价值理性和工具理性。价值理性用以调整人们的价值观念,从而确立科学的、正确的、先进的、高尚的价值观,并指导人们在社会实践中进行正确的价值选择。我们现在所倡导的科学发展观正是价值理性的体现。工具理性用以指导人们进行正确有效的思维,逻辑正是人类不可或缺的理性工具。价值理

① 刘梦溪主编. 中国现代学术经典·梁漱溟卷[M]. 石家庄:河北教育出版社,1996:349.

性和工具理性是相辅相成的。价值理性依靠工具理性和理性工具得以保证，对理性工具和工具理性的价值认定也是价值理性的必要组成部分。

三、理性与认知结构

人类的认知结构，可以分析为感性、知性、理性三个阶段。例如，$\sqrt{2}$ 是无理数，无理数是不能用整数之比表示的数，无限不循环小数是无理数，这是知性的。而 $\sqrt{2}$ 是边长为 1 的正方形的对角线的长度，发现 $\sqrt{2}$ 的数学家希帕索斯被他的数学家同事们扔进大海淹死了，因为他们不承认 $\sqrt{2}$ 是一个数，但后来又承认了，叫它无理数，这就是伴随着无理数知识的感性经验。那些数学家们之所以不承认 $\sqrt{2}$ 是数，是因为他们认为任何数都可以用整数之比来表示，而 $\sqrt{2}$ 不可以；之所以又承认 $\sqrt{2}$ 是数，是因为 $\sqrt{2}$ 这个量，即边长为 1 的正方形的对角线长度是客观存在的，他们必须调整数的定义，因而数学就前进了一大步，这就是伴随着无理数知识的理性认识。

认知结构的三分，其关键在于区别知性和理性，知性阶段或层面的知识是肤浅的、孤立的、静态的，理性把握的是事物最深刻的本质，是知识的联系和流动。人们习惯上说的理性其实是大理性概念，是包含了狭义理性和知性在内的广义理性。当我们丢掉了"知性"这一概念，就只能将知性和理性混为一谈。于是我们就无法区别孤立的、静态的知识与相互联系的、流动的知识。

当我们对知性和理性不加区别的时候，我们就无法把握中外教育的差异。以历史考试为例，我们的试题往往是：西安事变发生的原因；而美国的试题是：林肯说"美国不能存活，除非它全部解放或者全部被奴役"。你同意吗？请说明理由。① 我们的试题有标准答案，教材上写几点，老师就讲几点，学生就背几点，考试就答几点。美国的试题往往没有标准答案，全看你的分析是否合理。我们的试题是相对知性的，部分美国试题的理性因素更为突出。

认知结构感性、知性、理性的三分，有利于我们清醒地思考教育中的许多问

① 端木. 美国作业难倒中国老爸. 中国青年报，2001-02-09.

题。人类的文化进步，是感性、知性、理性有机地融合在一起的。学生的文化成长也应当是三者有机融合、和谐发展的。然而，教育要在几年，十几年的时间里使学生承继人类的主要文化，就必然要较多地关注知性，这是教育的无奈。但是，当教育过多地丢掉感性的时候，教育就变得机械和枯燥了；当教育过多地失去理性的时候，教育就变得浅薄了，散乱了。于是我们不得不重新反思和调整。这也是我们的课程改革之所以合理，之所以势在必行的内在根据。语文课程改革的正确方向应当是调整知性，丰富感性，深刻理性。

四、理性与民族文化

在我们的民族文化土壤中，理性精神的积淀相对匮乏。马立诚在《历史的拐点：中国历朝改革变法实录》中说："中国历史上十几次大的改朝换代都成功了，而十几次大的改革却都失败了。……国人可以向暴力屈服，却拙于以理性探索见长的制度创新。"我们经常批评的迷信、愚昧、盲目，不尊重客观规律，以感情代替政策，以人治代替法治等消极现象正是这种文化特征的反映。理性精神相对匮乏的文化特征决定了人们思考问题时理性坐标的缺失。理性相对匮乏的原因之一在于汉代罢黜百家，独尊儒术。中国、印度、希腊是逻辑学的三大源头，然而，当亚里士多德的逻辑学在欧洲不断发展的时候，我们国家却在汉代罢黜百家，罢黜了当时称为名学和辨学的逻辑学。唐玄奘西天取经，在印度学了很多叫作因明的逻辑并带回中国，然而其传播限于佛场之内，对社会影响不大。直到近代启蒙思想家严复将英国逻辑学家穆勒的《逻辑体系》翻译为《穆勒名学》，中国的知识界才开始接受西方逻辑学。直到五四运动，中国才真正得到了理性精神的启蒙，科学和民主正是理性精神的两面大旗。有人说："21 世纪是东方文化的世纪。"这一说法反映了一种盲目的民族自尊。程仲棠先生批评说："与某'大师'所谓'西方形而上学的分析已快走到尽头，而东方的寻求整体的综合必将取而代之'的无稽之谈相反，中国的现代文化必须发展分析思维，分析思维有无穷尽的生命力，没有分析就没有科学，脱离了分析，'寻求整体的综合'不免成为梦呓。"①

---

① 程仲棠.《墨经》的语言分析[J].广东社会科学，2005(04).

五、理性与当代社会

从经济的角度看，我们的时代是知识经济初露端倪的时代。知识经济崇尚的是知识整合与知识创新。其关键在于能够善于把握知识之间的联系，而这恰恰依赖于流动的、有机的理性思维。

从政治的角度看，我们的时代，是民主和法治建设全面推进的时代，而民主和法治建设也许是最需要理性精神的。既需要价值理性的指导，也需要工具理性的保障。

从文化的角度看，我们的时代是信息时代。信息并非都是真实的，正确的，有价值的。面对大量信息铺天盖地涌来，人们必须筛选信息。要善于筛选信息，就必须具有批判性思维，进行理性的反思和质疑。

我们的时代也是媒体文化的时代。媒体文化时代需要社会公众具有良好的媒体文化素养。媒体文化素养绝不仅仅是技术层面的使用方法，最重要的素养就是质疑和反思的理性精神。因为媒体由于商业利益的追求，并不总是代表百姓的利益，并不总是代表社会文化的正确方向和先进的价值观念，也并不是总说真话。

六、理性与人文精神

课程改革张扬人文精神，这是正确的。但遗憾的是，教育界对于“人文精神”以及相关的“人文性”“人文主义”存在着误解，许多人误以为人文精神是与理性相对立的。我们知道，人文主义是欧洲文艺复兴时代以反宗教为主要特征的价值取向和文化追求。人文主义有四个要点：(1) 肯定人的价值、特性和理想。(2) 反对宗教教义，注重人的现世生活。(3) 主张个性解放、自由平等，反对封建等级观念。(4) 推崇人的经验和理性。[①] 而这些要点，均与人类理性密切相关，或者说均以人类理性为基础。人文主义的核心就是张扬人类理性。倡导人文主义而进行文艺复兴，本身就是理性反思的辉煌经典。诚如于桂芝、安启念所

① 冯契主编. 哲学大辞典[M]. 上海：上海辞书出版社，1992:23.

说:“文艺复兴运动。它把获得理性生活、争取自由平等、追求人的尊严和权利视为崇高的价值,实质就是对人的理性的高度弘扬。”①

我们所倡导的人文关怀,也并非出于人的本能,而是出于理性的人与人之间的同情和关爱。因为人类从历史的反思中认识到,唯其如此,人类社会才能和谐存在和发展。“老吾老,以及人之老;幼吾幼,以及人之幼”的人文关怀正是超越动物本能的理性表现,正义和公平也正是人文关怀的最高境界。我们可以说,人类理性正是人文精神的内核。离开了人类理性,不可能有真正意义上的人文精神,缺失人类理性的“人文精神”只能是狭隘的、畸形的。人们对理性的误解往往在于将理性与机械、僵化和教条联系在一起。其实,理性与机械和僵化根本不是一回事。梁漱溟先生说:“宇宙间所有唯一未曾限于机械化的是人;而人所有唯一未曾机械化的便是理性。”②

七、理性与后现代文化

课程改革的许多观点来自西方后现代主义。后现代主义有其历史的进步性,例如多元价值取向,鼓励创新,主张人与自然的和谐相处,反对人与人之间的冷漠。然而我们的课程改革引进西方后现代主义,既未能清醒地把握后现代主义本身的矛盾和消极因素,更未能充分考虑我们的国情。

后现代主义源于对西方资本主义社会矛盾的深刻反思。就文化而言,对理性的绝对信仰产生了唯理性主义,对科学的盲目崇拜产生了科学主义,以自然科学为范式的现代文化的思维方式和价值取向渗透社会生活和社会科学所带来的负面影响日益强烈。在这种背景下,反对科学主义,批评唯理性主义,解构阻碍社会前进的各种教条,当然有其合理性。

然而,后现代主义又有其消极因素。例如对历史文化的过度解构会陷入相对主义、怀疑主义和虚无主义。例如我们应当反对伪神圣,但不能拒绝崇高。后现代主义本身是复杂的,充满矛盾的。例如解构主义对逻辑理性的批判,本身所

① 于桂芝,安启念.构建和谐社会是马克思主义哲学中国化的思想启蒙[J].宁波经济,2007(10).

② 刘梦溪主编.中国现代学术经典·梁漱溟卷[M].石家庄:河北教育出版社,1996:351.

用的仍然是逻辑理性。如果说后现代主义对某些传统观念的解构是合理的;其实恰恰说明了理性反思的深刻与伟大,恰恰表明了人类理性的不断进步。正因为如此,美国等发达国家的教育在接受后现代文化多元价值取向等合理因素的同时却并未淡化理性。美国教育改革将批判性思维作为教育改革的主题,应当引起我们的深思。20 世纪末纽约大学帕金斯教授倡导的理解性教学至今方兴未艾,同样值得我们借鉴。

在我国,尽管以自然科学为范式的思维方式的负面影响也早已显现,但理性精神和科学精神却远未确立,五四运动科学和民主的两大任务远未完成。在这种文化背景下,盲目地反对科学主义,很可能反掉的是科学,盲目地排斥理性,对于社会文化和教育的进步则更是危险的。

第五节　逻辑：批判性思维的核心

一、人类何以需要逻辑

什么是逻辑？逻辑是用来干什么的？人类何以需要逻辑？这是我们谈论逻辑时,应当首先弄清清楚的问题。逻辑的根本价值在于知识信念的确立。也就是说,人们凭什么相信一句话或一个命题或一个思想是正确的？事实命题的判定,你可以说眼见为实。可是价值命题的真假靠什么来判定呢？况且,事实命题也并非都能靠眼见为实来判定。每个人的生活时空都是有限的,那些没有亲自耳闻目睹的事情怎么办？再进一步,眼见也不一定为实,因为事物有假象,人类有错觉。这就是知识信念的确证问题。这一问题不解决,人类的认知就缺乏思想信念,人类也不可能进行卓有成效的思想交流。这是人类文化发展到一定阶段无法回避的问题。

亚里士多德的贡献就在于解决了这一人类文化进步必须解决的难题。那就是靠逻辑推理来进行论证。亚里士多德从人类长期思维实践的经验中抽象整理出一些推理有效式。这些有效式具有保真的作用,即如果前提真,那么结论一定真。有了推理,就可以用来进行论证。推理的前提就是论证的论据,推理的结论就是论证的论题。例如:"铁是导体,因为金属是导体,而铁是金属。"这是一个典型的论证。"铁是金属"是论题,"金属是导体"和"铁是金属"是论据。这一论证是否成立,既要看这些论据是否真实,还要看论据是否能够证明论题,或者说论据是否能够推出论题。把论据作为前提,把论题作为结论,就构成了如下的推理:"金属是导体,铁是金属,所以,铁是导体。"这一推理是三段论的有效式,因此人们相信论据与论题之间具有"必然得出"的关系,或者说相信了上述论证。知识信念的根本就在于逻辑推理的保真性。人们从共识出发,得出具体的结论。思想交流得以进行。

二、从前提到结论的保真性与从结论到前提的保假性

逻辑不仅有从前提到结论的保真性,而且有从结论到前提的保假性。也就是说,一个有效推理,如果结论虚假,那么必有虚假前提。例如:"金属不是导体,铁是金属,所以铁不是导体。"这是一个三段论推理的有效式。当人们发现"铁是导体"时,或者说发现"铁不是导体"的虚假性时,就可必然地知道"金属不是导体"和"铁是金属"两个前提中必有虚假命题。或者说"金属不是导体"或"铁是金属"虚假。常识告诉我们,这里是大前提"金属不是导体"虚假。再如:"金属是导体,塑料是金属,所以塑料是导体。"当人们发现塑料不能导电时,或者说发现"塑料是导体"虚假时,就可以知道"金属是导体"或"塑料是金属"虚假。常识告诉我们,这里是小前提"塑料是金属"虚假。

从前提到结论的保真性与从结论到前提的保假性,是一个事物的两面,实质是一回事。如果说从前提到结论的保真性可以帮助人们发现真理,那么从结论到前提的保假性可以帮助人们发现谬误。从一定的意义上说,发现谬误也许更有价值。发现真理,可以使人类认识的真理总和获得量的增加。而发现并摒弃谬误,可以使人类把握的真理系统提高真理度。

逻辑从结论到前提的保假性,可以用于假说的证伪。假说的验证,是以假说为前提,构造有效推理,得出结论。当实践或实验中发现结论虚假时,就可以证明假说不成立,或者说假说被证伪。证伪一个假说,人类探索真理的过程,就前进了一步。

三、逻辑是人类文化的一个根

逻辑是人类长期思维实践最重要的经验总结和理论成果。逻辑的词源“逻格斯”在希腊语中含有“规律”“秩序”“尺度”“关系”“理性”等意义，都与人类的知识信念密切相关。同时，有效推理的保真性使得人们可以根据旧知推导出新知。恩格斯说：“形式逻辑首先是探寻新结果的方法，由已知到未知的方法。”任何一个学科都包含了一系列的概念和命题，概念与概念之间的关系，概念与命题之间的关系，命题与命题之间的关系，都是建立在严格的逻辑关系之上的。在西方语言中，诸如 psychology（心理学）、geomorphology（地貌学）、zoology（动物学）的词尾 logy 都来源于“逻格斯”。逻辑是人类文化的一个根。有意思的是，“张力”的英文形式 tension，是“内涵”intension 和“外延”extension 的共同词根。这就意味着，要把握某一事物的文化张力，就应当把握相关概念的内涵和外延。这就是逻辑内在的力量。柯南道尔通过他笔下的主人公福尔摩斯说：“一个逻辑学家不需要亲眼见到或者听说过大西洋或尼加拉瀑布，他能从一滴水推测出它们有可能存在。整个生活就是一个巨大的链条，只要见到其中的一环，整个链条的情况就可以推想出来。”

四、逻辑是人类理性的基点

逻辑是人类不可或缺的理性工具，是人类理性的基点。逻辑规律和规则是人类共同的思维法则。逻辑的意义不仅在于工具理性，而且在于价值理性。其要义在于，只有经过论证的、经得起质疑的思想才是正确的、合理的。张建军教授指出：“任何‘理性’的界说都必定以人的推理与论证能力为本质要素，换言之，其根基都在于逻辑理性。”美国哲学家和逻辑学家科恩做出了更具体的说明：“一般来说，我们可以接受古代即已规定的尺度。一个有理性的人，至少应该具备两种能力：(1) 设想一种计划或掌握判断或行动规则的能力；(2) 在具体情况下运用规则或行动计划办事的能力。由于这些规则大多数都是在人与人之间起作用的，我们可以增加一点：(3) 清楚地表达思想，与人讲理的能力。”波普尔则解释得更加清楚:“我所称的合乎理性的态度可以这样来表征——‘我认为我是正确的,但我可能是错的,而你可能是正确的,不管怎样,让我们进行讨论罢,因为这样比各自仅仅认为自己正确可能更接近于正确的理解’。”

五、逻辑是科学民主的共同基石

逻辑的社会价值特别体现于对于科学和民主的支撑作用。逻辑对于知识信念的特殊价值使其成为科学和民主的共同基石。科学是离不开逻辑的。黑格尔说:“任何科学都是应用逻辑。”华罗庚说:“现代科学的突飞猛进有两大基础,其中之一就是从尽可能少的假定出发,凭借逻辑推理,解释尽可能多的问题。”1953年,爱因斯坦在致斯威泽的信中说:“西方科学的发展是以两个伟大的成就为基础的,这就是——希腊哲学家发明的形式逻辑体系,以及发现通过系统的实验有可能找出因果关系。”

民主同样离不开逻辑。真正的民主既不是少数人说了算,也不是简单的多数人说了算,因为简单的多数人说了算,很可能造成“多数人暴力”。真正的民主是公众在充分论证甚至充分辩论的基础上进行社会决策。而论证或辩论就必须运用逻辑推理,就必须合乎逻辑规则。20世纪影响最大的逻辑学教材《逻辑学导论》的作者柯匹指出:“当前,民主的理念已得到几近普遍的拥护,而要使之付诸实践就要求我们的公民能够正确评估我们的领导人或候选领导人的不同主张,因此,民主的成功乃依赖于公民做出可靠判断的能力从而也就依赖于人们合理地评估证据与各种论证的能力。可见,逻辑不仅对于促进我们个人目标的实现,而且对于促进我们与他人分享的民主目标的实现都是至关重要的。”

而科学和民主的共同基石则是逻辑理性。张建军教授曾经在《人民日报》撰文指出:“我们需要‘赛先生’和‘德先生’,那么就不能忘了‘逻先生’。”在《逻辑的社会功能》一书中,张教授进一步发展了这一思想:“这样看来,‘五四’运动所引进的‘德先生’和‘赛先生’是需要有共同的思维基础支撑的,这个基础就是逻辑理性和逻辑精神(‘逻先生’)。‘橘生淮南则为橘,生于淮北则为枳,叶徒相似,其实味不同。所以然者何? 水土异也。’同样,没有必要的逻辑理性为基础,‘德先生’和‘赛先生’是不可能在中华大地生根、开花、结果的。”

六、逻辑是和谐社会的必要条件

一个和谐进步的社会必须是合乎逻辑的社会。以缜密思考见长的张建军教授在《逻辑的社会功能》一书的"导言"中满怀深情地说:"当逻辑研究在维护其阳春白雪的清高的同时也能兼顾下里巴人的日常生活,当社会成员能够普遍受到逻辑理性的熏陶而开始讲'逻辑',当逻辑精神能够深入国民之心而蔚然成风,当逻辑理性能够真正规范人们的社会行为,那只在暮色渐浓的黄昏中开始飞翔的密涅瓦的猫头鹰①,带给这个社会的将不仅是自由、开放、民主和科学,也将是有序、和谐和繁荣。"

七、逻辑思维是不可或缺的文化素养

逻辑在人类文化和社会生活中的特殊意义,使得逻辑思维成为每一个社会个体最重要的、不可或缺的文化素养。在人的各种素质中,思维素质是最重要的素质。因为人是思维的动物,思维素质具有最本质的意义。凡事只有想好了,想对了,才能做好;想错了,就做不成,或者把事情办糟。中国古代的寓言《执竿入城》典型地说明了这个道理。本来,竹竿至少有三种状态:或左右横向,或上下竖向,或前后纵向。对于城门而言,如果说左右横向和上下竖向是一条线的话,那么前后纵向却只是一个点,无论多长的竹竿也能顺利入城。而执竿者没有想到前后纵向这种状态,因而就进不去。

人人都在运用思维,但思维素质不同,思维有正确与错误之分,有严密与粗疏之别,有开阔与狭隘之差,有敏捷与迟钝之异。而良好的思维素质离不开逻辑。逻辑是每个人思考问题和与他人交流、与社会对话的基本规范。逻辑素养较差的人,其生存质量和社会价值是大打折扣的。俗话说"宁跟明白人吵一架,不跟糊涂人说句话",就是明证。

---

① 黑格尔用"密涅瓦的猫头鹰在黄昏中起飞"来比喻哲学思考。在黑格尔看来,哲学的思辨之光就像密涅瓦的猫头鹰一样,它不是在晨曦中迎旭日而飞,也不是在午后的蓝天白云间自由地飞翔,而只是在黄昏降临的时候才悄然起飞。

辩证思维也不能背离形式逻辑。辩证思维是对事物各个侧面的统一认识，是对事物各个局部的综合认识，是对事物各个阶段的整体认识。但这种统一认识、综合认识、整体认识是建立在各个侧面、各个局部、各个阶段的逻辑分析的基础之上的。例如，“失败乃成功之母”是辩证思维，但失败之所以能转化为成功，离不开对失败原因和成功条件的逻辑分析。

英国思想家科林伍德总结了人类的五种精神生活及其思维方式：艺术、宗教、科学、历史、哲学。艺术的思维方式是想象，宗教的思维方式是崇拜，科学的思维方式是实证，历史的思维方式是过程，哲学的思维方式是逻辑。这五种思维方式既是人类精神生活的五个阶段，也是人类个体精神生活的五个阶段。这意味着，只有把握了逻辑，才有哲学的精神生活，才能具有最高境界的精神生活。

八、逻辑是批判性思维的核心

批判性思维的主要内容是论证，而论证是推理的应用。这就使得逻辑必然地成为批判性思维的核心。杜威在一个注释中说，他用“推理”这个词表达他所谓的批判性思维或反省性思维。海勒姆说：“当思维基本上是逻辑的时候，思维就是批判的。哥特斯基把批判性思维理解为：“由某些良好建立起来的逻辑规则支配的思维。”恩尼斯在 1962 年，将逻辑置于发展批判性思维技能的中心。马丁·科恩的《批判性思维入门》全书五个部分，用两个部分加一章的篇幅谈逻辑，将近全书一半的页码。美国教育研究会会长拉塞尔提出了批判性思维的四个条件：(1) 一个知识域或思维在其中正在进行的领域；(2) 一种质疑或悬置判断的一般态度；(3) 逻辑分析或科学探究方法的某种应用；(4) 根据这种分析或推理采取行动。第三项直接使用了“逻辑”一词，第四项说的是“推理”，其实就是逻辑。而第一和第二项则是一个应用逻辑的领域和应用逻辑的一种态度。

美国的约翰·查菲教授提出了批判性思维应当特别关注的 14 类问题：(1) 问题和结论是什么？(2) 理由是什么？(3) 哪些词语的意义模糊不清？(4) 价值冲突和假设是什么？(5) 描述性假设是什么？(6) 论据是什么？(7) 抽样选择是否典型？衡量标准是否有效？(8) 是否存在竞争性假说？(9) 统计推理是否错误？(10) 类比是否贴切中肯？(11) 推理中是否存在错误？(12) 重要的信息资料有

没有遗漏？（13）哪些结论能与有利的论据相容不悖？（14）争论中的价值偏好是什么？这 14 类问题基本上都是逻辑问题：如（1）结论就是推理的结论。（2）理由就是推理的前提。（3）语义模糊就是概念问题或者概念与语词的关系问题。对概念的审查正是明确概念的逻辑方法。（6）论据就是前提。（7）抽样选择，还是前提。样本误区本身就是逻辑谬误。（9）统计推理也是推理。（10）类比也是推理。（11）说的还是推理。（12）信息资料，也是论据或前提，或者是图尔敏论证中的支援。（13）还是结论与前提的关系，或论题与论据的关系。只有（1）中的问题，（4）（5）（8）的假设和（14）的价值偏好不是逻辑，但也与逻辑有深层的关系。

批判性思维属于逻辑应用或应用逻辑的范畴。因而有些批判性思维的专家直接将批判性思维称作“非形式逻辑”。既然是逻辑应用或应用逻辑，批判性思维涉及的问题会比逻辑多。但批判性思维的核心是逻辑。批判性思维需要弹性，但更需要刚性。失去了刚性，弹性会变成随意性。

第六节　关于“批判性思维”的名称

一、澄清误解

“文革大批判”的影响，导致“批判性思维”的负面联想。因此有人将 critical thinking 译作“评判性思维”“审辩式思维”等。2007 年 5 月 9 日香港《明报》称：“前保安局长叶刘淑仪昨日在一个公开活动批评教统局将‘critical thinking’翻译为‘批判性思考’是个错误，正确的译法应为‘严谨的思考’。”台湾一学者认为应当译为“慎思明辨”，香港专栏作家古德明主张译为“辨识性思考”。香港教育评议会副主席何汉权建议译为“明辨性思维”。事实上，“批判性思维”并没有“文革”的语义，也不等同于“否定”。批判性思维强调的是质疑，不能盲从和轻信。教育部“高等学校文化素质教育指导委员会批判性思维与创新教育分指导委员会”（筹）的常委，普遍用“批判性思维”的名称。中国逻辑学会有二级学会“批判性思维研究专业委员会”。

二、critical thinking 的语义考察

但批判性思维并非没有任何否定的意味。质疑，其实是带有某种否定倾向的检验，或者说要进行否定性尝试。尝试一下反思的对象能不能被推翻，实在不能被推翻才能置信，这就叫作合理怀疑，合理置信。或者说大胆怀疑，谨慎断言。

苏格拉底的方法里，否定的意味很浓。思维教育家德·波诺指出："将 critical 只作为评判或评价，事实上弱化了 critical thinking 的主要价值——通过攻击和消除一切伪装来彰显事实与真。"

"批判性思维"可能是最好的翻译。"批判性思维"的名称来自杜威。杜威在《我们怎样思考》一书中，不仅称"反省性思维"，而且称"批判性思维"。甚至将"批判性思维"与"非批判性思维"对举。如果译作"审辨式思维"，就无法与"非审辨式思维"对举。同时，"审辩式思维"的名称，可能引起古已有之的误解，从而消解了批判性思维的时代精神。"审辩式思维"的另一个不妥，就是弱化了批判性思维的批判力量和批判锋芒。杜威的书中也有"否定或批判""批判或否定"的表述。

三、"批判性思维"译法的佐证

"批判性思维"的译法，还可以有下面的佐证。康德的三大批判《纯粹理性批判》《实践理性批判》《判断力批判》和马克思的《黑格尔法哲学批判》《哥达纲领批判》都是用"批判"一词。《纯粹理性批判》是胡仁源的翻译，而郑昕称作《纯理性批导》，贺麟认为应当译作《纯理论衡》。但之后的各种译本，均译作《纯粹理性批判》，成为定译。贺麟的《黑格尔哲学讲演集》中，也称康德的著作为《纯粹理性批判》。critical 是一个能产的词。许多与此相关的概念，学界都译作"批判性"或"批判"。诸如 critical reading（批判性阅读），critical writing（批判性写作），critical ethics（批判伦理学）等。

武宏志教授等认为："选择汉语'批'和'判'组合来翻译 critical，可谓巧夺天工。因为，这个翻译完全抓住了汉语、英语和希腊语词根相关语词的契合点。"①

① 武宏志，张志敏，武晓蓓. 批判性思维初探[M]. 北京：中国社会科学出版社，2015：12.

第二章

批判性思维的内容

第一节　论证概述

一、什么是论证

论证是用一个或一组命题确定另一个命题真实性的思维过程。例如：

① 今年可望丰收,因为今年风调雨顺。

② 我们不得不承认上帝或者愿意扑灭世界上的邪恶,但他做不到;或者他能够做到,但却不愿做;或者他既不愿做,又做不到;最后,或者他愿意做,又做得到。如果上帝愿意做,但做不到,这就不符合“上帝是全能的”这一宗教观念了。如果上帝虽然可以做到,但他不愿做,这就不符合“上帝是全善的”这一宗教观念了。如果他既不愿做,又做不到,这当然同上帝的“全能、全善、全智”的本性根本不相符。如果他既愿意做,同时又做得到,那么世界上为什么还有邪恶的存在? 这只能证明一个问题:上帝是不存在的。

例①是用一个命题来支持“今年可望丰收”这个命题。例②是用一组命题来支持“上帝是不存在的”这个命题。

论证由论题、论据和论证方式构成。

论题，是在论证中被支持的命题。它是文章或讲话要阐述的基本观点，所要回答的是“论证什么”的问题，如例①的“今年可望丰收”和例②的“上帝是不存在的”。一个论证过程只能有一个论题。论题也叫作论点。论题往往是科学研究的结论、科学假说、社会实践的决策、文化活动的主张等。

论据是用来支持论题的命题。它是使论题成立或使人相信的理由或根据，所要回答的是“用什么论证”的问题，如例①中的第二句话和例②中的前五句话。一个论证过程中的论据往往不止一个。论据可以区别为理论论据和事实论据。理论论据往往是科学原理、格言警句或某种社会共识。理论论据的逻辑意义在于客观事物的规律不以人的意志为转移和真理的普适性。事实论据的逻辑意义在于其无可辩驳性，所谓“事实胜于雄辩”。然而事实论据的局限在于其偶然性，对事物规律的支持力度较小。

论证方式是论据与论题间的联系方式，即论证过程中所采用的推理形式。它所要回答的是“怎样论证”的问题。例①用的是省略形式的三段论。例②用的是假言选言推理。

二、论证规则

1. 论题必须清楚明确

论证的目的是确定论题的真实性或可接受性。所以论题首先必须清楚明确，而不能含混不清，也不能有歧义。违反这条规则的逻辑错误叫“论题不清”。

论题不清的第一种表现是，赞成什么或者反对什么，没有一个明确的观点。例如：

> 青年人喜欢生活丰富多彩，比如听听流行歌曲，开开家庭舞会，穿穿喇叭裤，戴戴变色镜，我看没有什么不可。社会在发展，时代在前进，旧的习惯总是要被新的所代替，人们的审美观念也在改变。资本主义的科学技术要学，难道生活方式就是一个禁区吗？对这个问题应该用历史唯物主义的科学态度实事求是地进行分析。然而，我并不赞成我们的青年去学习资本主义的生活方式，开家庭舞会，穿喇叭裤，戴变色镜，毕竟不符合我国的民族风

俗习惯，所以我也不赞成青年们把这一套当作宝贝吸收过来，加以模仿。

这个论证，先肯定资产阶级的生活方式可以学，然后又否定这一观点，致使论题不清。

论题不清的第二种表现是，未能清楚地显示究竟哪个命题是论题。例如：

在新诗创作实践中，要运用形象思维，要用比兴手法。形象思维与逻辑思维关系密切。形象思维既是思维，也就是理性活动，有其规律，它和逻辑思维不是对立的。现有的分歧在于，是否承认形象思维有不同于逻辑思维的心理学规律和特征。那么，究竟怎样来运用形象思维呢？……

这个论证中到底哪个命题是论题呢？无法分清。

论题不清的第三种表现是，论题有歧义。例如：

一只松鼠在树上，被两个猎人发现了。两个猎人决定围绕松鼠走一圈。当他们走动时，松鼠也面对他们转动，就这样一直到两个猎人转回到原地为止。这时，一个猎人断定“我们围绕松鼠走了一圈”，并论证说，因为他们已经绕着松鼠在地上走了一个圆圈。另一个猎人却认为，“我们并没有围绕松鼠走一圈”。理由是：如果绕松鼠走一圈，就应该看到松鼠的前后左右各个方面。可事实上只看到了松鼠的前面，并没有看到侧面和后面。两个猎人各执己见，争论不休。

两个猎人之所以争论不休，是因为他们的论题有歧义。问题的焦点在于“围绕松鼠走了一圈”的含义究竟是什么。

2. 论题应当保持同一

在一个论证过程中，只能有一个论题，并在整个过程中保持不变。违反这一规则的逻辑错误是“论题转移”或“偷换论题”。例如：

青年人不应当有个人主义。有了个人主义，一切以我为中心，不考虑集体利益和国家利益，不考虑社会需要，这样的人是迟早要碰壁的。所以，青年人不要有什么个人志愿。

这个论证开始说的是“青年人不应当有个人主义”，后来却又偷换成“青年人不要有什么个人志愿”。

3. **论据应当真实**

论题的真实性是通过论据的真实性确定的，因此，论据必须是真实的命题。违反这条规则的逻辑错误是“论据虚假”或“预期理由”。论据虚假，就是用作论据的命题不真实。例如，《狼和羊》的寓言中，狼说他应该吃掉羊，理由是：羊把狼喝的水弄脏了。而事实上，狼在上游，羊在下游，羊是不可能把狼喝的水弄脏的。因而狼的论据是虚假的。

预期理由是用作论据的命题其真实性尚待证明。例如：

地球上出现不明飞行物，肯定是外星球的宇宙人发射的。因为现代科学告诉我们，外星球可能存在着比地球人更高级的宇宙人，他们向地球发射宇宙飞行器是很自然的事。

这里的论据是“外星球有更高级的宇宙人”。但这个命题的真实性还有待证明。该论证犯了预期理由的错误。

4. **论据的真实性应不依赖论题的真实性**

论据是确定论题真实性的根据。如果论据的真实性还要靠论题来证明，论据就毫无意义了。违反这条规则的逻辑错误是“循环论证”。例如：

月亮是会运动的，因为是从东方升起西方落下。月亮之所以能从东方升起，从西方落下，是因为月亮是会运动的。

鲁迅在《论辩的魂灵》一文中揭露某些人的诡辩伎俩时说：

卖国贼是说谎的，所以你是卖国贼。我骂卖国贼，所以我是爱国者。爱国者的话是最有价值的，所以我的话是不错的，我的话既然不错，你就是卖国贼无疑了。

这段话用“我骂卖国贼”来证明“我是爱国者”，用“我是爱国者”来证明“我的话对”，用“我的话对”来证明“你就是卖国贼”，这是典型的循环论证。

5. **从论据应能推出论题**

论据与论题必须有逻辑联系，才能从论据推出论题。违反这条规则的逻辑错误叫作“推不出”。“推不出”，有以下几种情况。

第一，论据与论题不相干。

如果论据与论题不相干，即使论据是真实的，也不能由论据推出论题。例如，“文革”中，一位家长教孩子洗衣服：“衣服的领子和袖子最脏，要多打些肥皂。”于是，这位家长被当地公安机关抓了起来，罪名是“污蔑伟大领袖”。说“衣服的领子和袖子最脏”与“污蔑伟大领袖”风马牛不相及。当时的公安机关犯了“推不出”的逻辑错误，因而也践踏了法律的尊严。

第二，论据不足。

论据虽然真实，但不足以推出论题，这就叫论据不足。例如，从某人家中找出杀人凶器，就说某人是杀人犯，这就犯了“推不出”的逻辑错误。

第三，违反推理规则。

论证是靠推理来实现的，如果所用的推理违反了推理规则，那也就不能由论据必然推出论题了。例如：四边形的内角和等于 360°，因为矩形的内角和等于 360°，而矩形是四边形。这个论证运用了三段论推理，但该三段论违反了“中项至少周延一次”的规则。因而该论证犯了“推不出”的逻辑错误。

三、反驳

反驳是确定对方论题虚假或不能成立的思维过程。例如：

你似乎认为一个国家向外扩张，是由于人口过多。我们不同意这种看法。英国的人口在第一次世界大战前是 4 500 万，不算太多，但是英国在一个很长的时期内是“日不落”的殖民帝国。美国的面积略小于中国，而美国的人口还不及中国的三分之一，但是美国的军事基地遍于全球，美国的海外驻军达150万人。中国人口虽多，但是没有一兵一卒驻在外国的领土上，更没有在外国建立军事基地。可见一个国家是否向外扩张，并不决定于它的人口多少，而决定于它的社会制度。

——周恩来《1960年9月5日接见英国记者的谈话》

确定一个命题的虚假性，也就意味着确定了与之相矛盾的命题的真实性。确定命题“P”假，也就等于确定“非P”真。或者等于确定了“P是假的”这个命题是真的。因此，反驳可以看作论证的一种特殊形式。

根据论证由论题、论据、论证方式三个要素构成，反驳有驳论题、驳论据、驳论证方式三种。

1. **驳论题**

驳论题就是确定被反驳论题的虚假性。例如：

有一种观点认为，智力早熟会造成早亡，然而事实并非如此。6岁能作诗，9岁通声律的唐代诗人白居易活了74岁；控制论创始人诺伯特·维纳10岁上大学，14岁毕业于哈佛大学，活了70岁；德国文学家歌德8岁能用德、法、意、拉丁、希腊等语言进行读写，他活了83岁。可见，并非智力早熟就会造成早亡。

2. **驳论据**

驳论据就是通过确定对方论据的虚假来确定其论题不能成立。例如：

上海的教授对人讲文学，以为文学当描写永久不变的人性，否则便不长久。例如，英国莎士比亚和别的一两个人所写的是永久不变的人性，所以至今流传，其余的不这样，就都消灭了云。这真是所谓“你不说我倒还明白，你越说我越湖涂了”。英国有许多先前的文章不流传，我想这是总会有的，但竟没有想到它们的消灭，乃因为不写永久不变的人性。现在既然知道了这一层，却更不了解它们既已消灭，现在的教授何从看见，却居然断定它们所写的都不是永久不变的人性了。

——鲁迅《文学和出汗》

应当指出，确定了对方论据的虚假性，并不等于确定了其论题的虚假性。因为当前提虚假时，结论也可能是真实的。例如：

凡金属不能导电。

塑料是金属。

所以，塑料不能导电。

这个三段论的前提都是假的，然而其结论却是真的。对应于论证而言，一个论证可能是论题真而论据假的。因此，确定了对方论据虚假，不等于确定了其论题虚假。

那么，驳论据这种反驳，其价值何在呢？其价值在于说明对方对论题的论证不成立。虽然不能证明其论题的虚假性，却能够说明其论题的真实性是值得怀疑的，不可接受的。

3. 驳论证方式

驳论证方式就是通过指出对方的论据与论题间没有必然联系来确定对方的论题不能成立。例如：

甲：今年这块地的玉米一定丰收。

乙：为什么？

甲：常言道"肥多才能粮多"。今年这块地施肥可不少啊！

乙：你的说法不合逻辑。"肥多才能粮多"，说明"肥多"是"粮多"的必要条件。因此，从"这块地施肥多"，推不出"这块地的玉米一定丰收"。

确定了对方论证不合逻辑，也不等于确定其论题虚假。因为，推理形式无效时，结论也可能真实。例如：

凡金属能导电。

塑料不是金属。

所以，塑料不能导电。

该三段论犯了“大项误周”的逻辑错误，是个无效推理，但其结论却是真实的。相应地，一个论证可能是论题真实而论证方式不合逻辑。

驳论证方式这种反驳方法虽然不能确定对方论题的虚假，却可以确定对方对其论题的论证不能成立，其论题的真实性值得怀疑，不可接受。

第二节　图尔敏论证模型

一、图尔敏论证模型的基本思路

英国哲学家斯蒂芬・图尔敏是非形式逻辑的代表人物。他在《论证的使用》一书中提出了“广义”的论证方法，进而形成了图尔敏论证模型。图尔敏论证模型包含六大元素。

主张（claim）：我们想证明的结论，即命题、断言、主张。这个主张可以具备争议性、可以被挑战，但是主张发出者必须为其辩护。

依据（ground）：支持主张的事实或数据，一般属于客观事物。

正当理由（warrant）：连接依据和主张之间的推理或前提条件，解释为什么依据支持主张。

依据和正当理由的区别：依据在论证中直接明确地表达，正当理由则隐含地表达。

支援（backing）：对正当理由的进一步支持，是佐证或根基，例如自然科学的定理、法律条文。证明力度较大。

限定（qualifier）：表明正当理由对主张证明的力度和程度。指出正当理由的适用范围、程度或条件。

反驳（rebuttal）：反驳依据、正当理由、支援，怀疑其合法性，并提出反对意见，再次验证理由到主张的正确性。

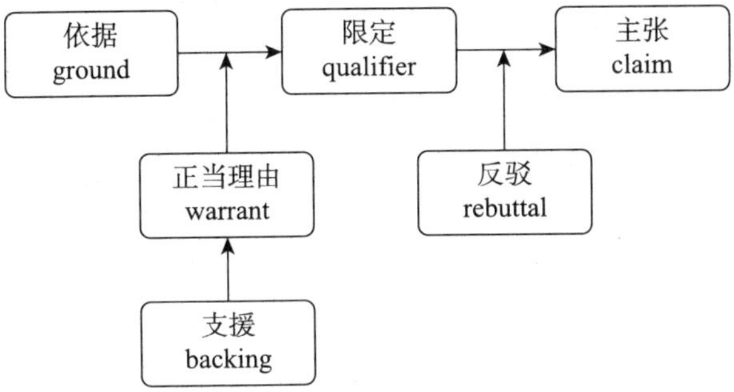

图 1　图尔敏论证模型

我们看到，所谓“广义的论证方法”，其实是“丰满的论证方法”。

二、图尔敏论证模型示例

［**例 1**］论证哈里是英国人。

（1）主张

“哈里是英国人。”

（2）依据

“哈里出生在百慕大群岛。”

（3）正当理由

“出生在百慕大群岛的人是英国人。”

（4）支援

“为何在百慕大群岛出生的人，就是英国人呢？”“因为在英国的法律中，就殖民地出生者的国籍有明文规定。”

（5）限定

当我们已知哈里出生在百慕大群岛，但还不能百分百断定哈里是不是英国人的情形，则只能说，在一般条件下“大概就是英国人”。这里的“大概”就是一种“限定词”。

（6）反驳

哈里虽然出生在百慕大群岛，但双亲是中国人，哈里可能入了中国国籍。或者哈里已经移民美国。

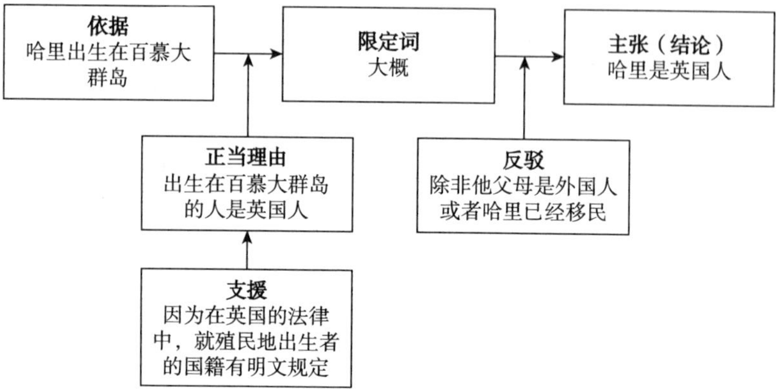

图 2

图尔敏论证并不一定需要六个元素，如果少量元素可以完成论证，就不需要六个了。例如：

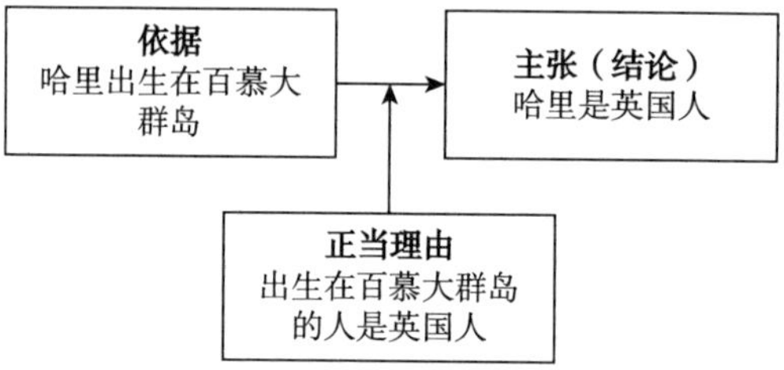

图 3

［**例 2**］小张在一起群体冲突中，被人指证为谋杀案嫌疑人，论证小张应当被处于某种刑罚。

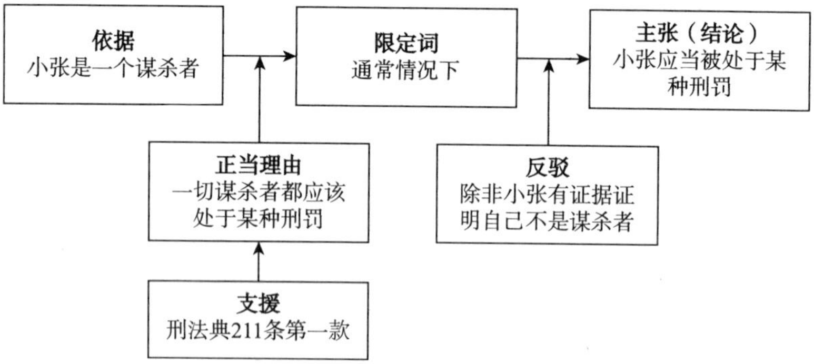

图 4

图尔敏论证模型通过实践证明，在法庭论证中起到非常重要的作用，对论证的质量起到了巨大的帮助。图尔敏论证模型不仅在法庭之上，在国际的立法层面也得到了很好的应用。

[**例 3**] 论证国家应该给予乞讨者救助，保障其合法权益。

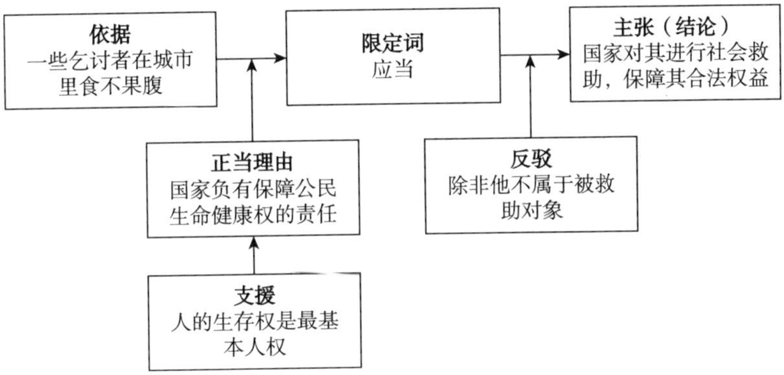

图 5

三、图尔敏论证模型的特点分析

图尔敏论证模型，“主张”相当于论题。“依据”相当于“论据”。其特点在于如下三个方面：第一，“限定”说明了论点的某种条件，从而使论题更加精准或更加恰当。第二，“正当理由”相当于依据的论据，或论据的论据，即二级论据。“支援”相当于正当理由的论据，或论据的论据的论据，即三级论据。这一特点使得图尔敏论证模型论证更加深入，并有层次感。第三，“反驳”是对论题的否定。或者说是论题的反面论据，或者说是使论题不成立的理由。其价值在于提醒人们或提醒自己，论题在什么情况下被否定。这是比“限定”更严格的限定，或是比“限定”更苛刻的反思。这三个特点，使得图尔敏论证模型更有思想张力。

图尔敏论证模型是有弹性的。因为这一模型并不要求必须有六个元素。如果少量元素可以完成论证，就不需要六个元素了。例如在上述“哈里是英国人”的论证中，可以只保留“主张”“依据”和“正当理由”这三个元素。这一简化的模型，可以理解为经过了完整模型的思考之后的简化。第一，经过思考，认为不需要限定条件，于是省略了“限定”这一元素。第二，经过思考，认为没有反面的证据，于是省略了“反驳”这一元素。第三，经过思考，认为“正当理由”的可信度很高，于是省略了“支援”这一要素。这三个元素的省略，仍然是有弹性的。哪一个元素应当保留，就保留哪个元素。所以，图尔敏论证模型的简化形式，可以是三个元素，也可以是四个元素，还可以是五个元素。按照图尔敏论证模型简略形式的思路，推向极致，其实是连“正当理由”这一要素也是可以省略的。如果那样，也就只有“主张”和“依据”这两个要素，也就是只有论点和论据这两个要素，也就与一般的论证无异了。但事实上，在他的简化模型中保留着“正当理由”这一要素。这说明图尔敏对“正当理由”也就是论据的论据这一要素情有独钟。也就是说，图尔敏非常在意论据的真实可靠。

第三节　论证的评估

论证的评估，指的是对论证要素进行分析评价并最终确定是否接受论证的活动过程。

一、论题的揭示

有些论证，其论题并未明确地表达出来。因此，评估一个论证，首要的任务是将隐含的论题揭示出来。揭示一个论证的论题，并不是很容易的事情。由于自然语言的生动，更由于相同的前提可以引出不同的结论，论题的揭示是需要仔细斟酌与推敲的，特别是当论证较为复杂的时候。请看下面的几个例子。

［**例 1**］由于法律职业变得越来越专业化和复杂化，书记员的工作也变得更加专业化。一位法律秘书可能是破产法专家，另一位则可能是刑事诉讼方面的专家。

以下哪个选项是该论证的论题？

A. 法律知识对法律秘书有用

B. 一位法律秘书应该在某个特殊的法律分支上受过专门的训练

C. 法律秘书应当是熟悉几种法律的专家

D. 破产法和刑事诉讼法很重要

[**辨析**] 正确答案是B。A不明确，未强调“专业化”。C扩大了原意。D偏题了，因为这里的破产法和刑事诉讼法只是举例的性质。

[**例2**] 美国政府通常执行保护珍稀自然资源的政策。但是，有一项珍稀资源却长期被忽视。在美国，每生产1升玉米，就会破坏2升表层土壤。在过去的100年中，许多州的表层土壤已由14英寸降到8英寸以下。然而，联邦政府在全国性的土壤保护项目上所花费的资金却少得可怜，其总额甚至还不如有些州自己调配的多。

以下哪项是该论证的论题？

A. 8英寸的表层土壤已不足以维持玉米的种植

B. 种植玉米得不偿失

C. 不同的州土壤保护资金不同

D. 保护土壤是联邦政府的职责而不是州政府的职责

E. 联邦政府应该在土壤保护方面有更多的投资

[**辨析**] 正确选项当为E。玉米的种植仅是举例而已，因而A、B不成立。C虽然谈到土壤保护，但未涉及联邦政府。D虽然谈到联邦政府，但未明确投资问题。

[**例3**] 有人认为用电池驱动的电动车是解决未来空气污染问题的一个方案。但他们却忽视了电池是要充电的，而目前大多数电力都是通过燃烧有机燃料生产的，使用电动车越多，所需电厂就越多。因而即使所有汽车都被电动车代替，也不过是由一种燃料替代另一种燃料而已。

该论证的论题是什么？

A. 用电池驱动车代替汽车需要建更多的电厂

B. 除非人们少开车，否则，明显地减少空气污染是不可能的

C. 电动车在使用中也会造成空气污染

D. 用电动车代替汽车不是解决空气污染的好办法

［**辨析**］正确选项是 D。电动车并非直接造成空气污染，因而选项 C 不正确。用电动车代替汽车不是解决空气污染的好办法，并不意味着减少空气污染没有其他办法，因而选项 B 不正确。选项 A 虽然是一个真命题，但未涉及议论的主旨。

二、语义确定

（一）歧义审查

歧义审查的目的在于弄清论证的语言表达是否明确。因为如果论证的语言表达不清楚，含有歧义，论证形式的分析也就失去了意义。因此我们要审查论证中是否有语词歧义，是否有语句歧义，是否有强调歧义。特别要注意其中的关键性词语，看哪些关键性词语是定义较为充分的，哪些关键性词语可作其他解释。论题中的关键性词语更值得重视。对于有歧义的论证，我们首先应要求消除歧义，在辩论中，要将对方表达中可能产生歧义的语词或语句作有利于自己的解释。

电视剧《龙年档案》中，黑山区小煤窑的生产和管理普遍存在重大的安全隐患而且已经发生了一些安全事故。市长罗成在市委常委会上提议停产整顿。反对者说："总不能因为一两架飞机掉下来，就让所有的飞机都停飞吧。"这是一个类比，但是这"一两架飞机"和"所有飞机"究竟指什么是有歧义的。因此罗成针锋相对地提出："问题是我们已经知道这架飞机马上就要发生事故，难道不应该让它停下来吗？"

（二）语义关联的确定

论证是对推理的应用。但论证毕竟不同于推理。推理只考虑命题之间的真值关系，不考虑命题之间的语义关联；而论证却必须考虑命题之间的语义关联。例如："如果 2＋2＝4，那么太阳是圆的。2＋2＝4。所以，太阳是圆的。"这是一个有效的推理。但它却是一个很糟糕的论证，因为命题之间没有语义关联。论证评估的重要内容，就是要考察论证的语义关联。如果没有语义关联，就说明该论证是一个坏论证，没有意义的论证。也就不必再对该论证作其他方面的评估。

三、结构分析

一个论证可能使用多个推理。这些推理之间是一种什么关系，这是我们理解论证必须要解决的问题。论证的结构分析可用下面的步骤。

第一，找出该论证中论题或结论的标志词。

论题或结论的标志词有前置或后置两类。

前置的标志词主要有：

所以
因此
那么
这证明
这表明
这意味着
有鉴于此
其结论是
其结果是
由此可见
我们认为
我们相信
可以推出
如此说来
总之

后置的标志词主要有：

因为

这是因为

这是由于

第二,找出该论证中论据的标志词。论据的标志词一般是前置的。主要有:

因为

既然

如果

根据

鉴于

其理由是

其原因是

其根据是

第三,将所有命题标上序号。

第四,找出省略的或隐含的论据,并以大写字母A、B、C、D等表示。

第五,把论题的论据与论据的论据加以区别。

第六,画出论证结构的树形图,例如:

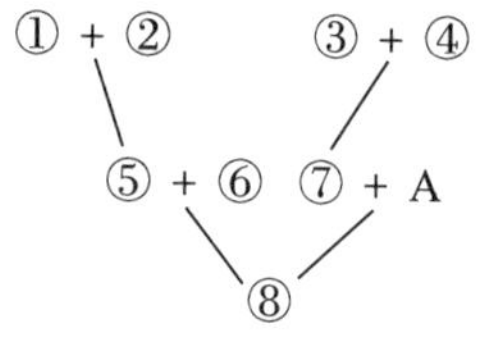

图6　论证结构树形图

四、论证强度的确定

论证强度,指的是论据对论题的支持度,或者说是论证中推理的有效性和合理性。

论证强度可以区别为“演绎”“归纳”和“谬误”。“演绎”的论证强度是100%,“归纳”的论证强度在50%～100%之间,“谬误”的论证强度为零。

复杂论证的论证强度的确定需要做综合分析。横向的综合论证强度以从强为原则,纵向的综合论证强度以从弱为原则。即同一层面上指向同一结论的几个推理,综合论证强度以论证强度最高的为准。也就是说,如果其中有演绎,就以演绎为准,如果其中没有演绎而有归纳,就以归纳为准。论证的总体强度以纵向的几个层面论证强度最弱的为准。只要其中有一个层面的支持强度是“谬误”,那么该论证的总体强度就是“谬误”。如果几个层面中没有“谬误”,而有“演绎”和“归纳”,那么该论证的总体强度为“归纳”,只有当每个层面的论证强度都是演绎的时候,整个论证的论证强度才是演绎的。例如:

> ① 全能者的意愿总可以实现,上帝是全能者,上帝的意愿总可以实现;上帝会希望罪恶立即消失,因为上帝是全善者,而全善者是愿意立即根除罪恶的。如果上帝存在,那么世界上就不会有罪恶。但确实有罪恶存在,因为我有耳闻目睹的经历。上帝不存在。

例①中,“全能者的意愿总可以实现,上帝是全能者,上帝的意愿总可以实现”。是个三段论,论证强度为演绎。“上帝会希望罪恶立即消失,因为上帝是全善者,而全善者是愿意立即根除罪恶的”也是三段论,论证强度为演绎。这是两个并列的论证,这一层次的论证强度为演绎。“确实有罪恶存在,因为我有耳闻目睹的经历”这一论证的论证强度也是演绎。最后,“如果上帝存在,那么世界上就不会有罪恶。但确实有罪恶存在。所以上帝不存在”,这是假言推理的否定后件式,论证强度为演绎。该论证的每个环节论证强度均为演绎,所以其综合论证强度为演绎。

> ② A校哲学系的教师比较长寿,B校哲学系的教师比较长寿,C校哲学系的教师比较长寿,所以高校哲学教师是一种长寿的职业。

例②中,“A校哲学系的教师比较长寿,B校哲学系的教师比较长寿,C校哲学系的教师比较长寿”,这是一个省略结论“高校哲学教师比较长寿”的归纳推理,其论证强度为归纳。“高校哲学教师比较长寿,所以,高校哲学教师是一种长寿的职业”是演绎推理,其论证强度为演绎。两个论证的结构关系为纵向,所以,该论证的综合论证强度从弱为归纳。

③ 塑料不是导电的,因为金属是导电的,铁是金属,而塑料不是铁。

例③中,“金属是导电的,铁是金属”是省略“铁是导电的”这个结论的三段论,论证强度为演绎。下面是省略两个命题的三段论“铁是导电的,塑料不是铁,所以塑料不是导电的”。这个三段论犯了“大项误周”的逻辑错误,推理无效。其论证强度为谬误。两个论证环节是纵向的结构关系,所以该论证综合论证强度为谬误。

④ 作案者不可能是李方,因为发案当天他在外地。王市长也认为不是李方作案。

例④中,“作案者不可能是李方,因为发案当天他在外地”是省略大前提“凡不在作案现场者不可能是作案者”的三段论,论证强度为演绎。“作案者不可能是李方,王市长认为不是李方作案。”犯了“以人为据”的逻辑错误,推不出,论证强度为谬误。这两个论证是横向结构,因此整个论证综合论证强度从强为演绎。

有的逻辑书认为“一个论证只要包含有一个谬误,那么它的推理强度便为谬误(有反例)”。这种意见是不正确的。因为这种意见只考虑了纵向的结构关系,未考虑到横向的结构关系。作者可能意识到情况的复杂性,所以在后面注上了“(有反例)”。但这一注释并不能解决问题,因为纵横两种关系的不同分析并不是一般与例外的关系。

五、论据质疑

如果一个论证的论证强度不是谬误的,即是“演绎有效”或“归纳”,就要对论据进行质疑。因为论证强度不是“谬误”,只是说明了论证形式的正确。但论证形式的正确只是论题真实或可接受的一个必要条件。论题真实或可接受的另一个必要条件就是论据真实或可接受。

为什么要把论据质疑放在论证强度确定之后呢？这是因为，论证强度的确定是依据形式分析，可操作性强，比较容易实现。而论据的质疑是非形式的，不确定因素多，因而就更加复杂，更加困难。如果我们能确定论证强度为“谬误”，那么论据质疑也就不需要进行。两相比较，当然是应当先做便于操作的、比较容易的。

论据质疑，主要是对初始论据，也就是最后一层论据的质疑。因为它们才是整个论证赖以成立的基础。

论据可能是科学理论。但科学理论有时并非真理。亚里士多德的“日心说”和自由落体理论就不是真理，而是谬误。对某个科学理论的质疑可能会带来社会的巨大进步。正因为这样，有人批评我们的教育经常把科学当成真理而不允许质疑，这样的教育是不利于培养学生批判性思维素养的。

论据可能是一种文化价值观甚至已经成了人们的常识，但常识中可能隐藏着一个时代的偏见。把市场经济看成资本主义就是这样的偏见。

论据可能是某个事实。然而“事实”却不简单。诚如陈嘉映先生所说“事实”不同于“事情”。事实是从事情中截取出来的。同一件事情可以截取不同的事实。例如：“张三用木棒打晕了李四”和“李四拿着刀向王五逼去，张三用木棒打晕了李四”就可能是从同一件事情上截取下来的两个很不同的事实，对事实的片面截取很可能产生误导。因此对事实的论据的质疑最好的办法是在同一件事情上截取更长的事实，或者考虑是否还有其他的甚至意义相反的相关事实。

特别应当注意对隐含论据或隐含前提的质疑。例如，有一位家长，孩子没能考上大学，他想让孩子顶工，可是国家已经取消了顶工制度，于是他说：“这叫什么社会呀！也不让顶工。”显然他的论证有一个隐含的前提，即是不是允许顶工作为衡量社会政策的一个标准。然而这个隐含前提是经不住质疑的，因为顶工是世袭制的表现形式，是一种封建残余，也是计划经济的产物。如果我们进一步追问，就会发现这个社会政策的评价标准后面还隐藏着更深层次的标准，那就是自己的利益。

六、论题质疑

如果一个论证的论证强度是演绎有效的，且论据又经得起质疑，或者说是可接受的，那么该论证就是一个正确的论证，一个好的论证。

如果一个论证的论证强度是归纳的，同时其论据经得起质疑，或者说该论证的论据是真的或可以接受的。我们就应当对论题本身进行质疑。

对论题质疑的主要方法是寻找反例。只要能提供反例，论题就是虚假的或不可接受的。

当然，也并不排除通过演绎的方法来确定归纳论证论题虚假的情况。假如该论题与我们已知的某个命题相矛盾，而该命题又是真实的或可接受性很强的。那么当然论题虚假或不可接受。

为什么论题质疑要放在论据质疑之后呢？因为任何思想都有为自己辩护的权利，如果它不能有效地辩护我们就不相信该论题。如果辩护只是提供了某些可接受性。那么我们应当有理由对该论题本身进行质疑。

第四节　澄清意义

论证必须是意义明确的。意义模糊的论证会干扰论证的理解。下面的内容将帮助读者了解意义模糊的原因和澄清意义的方法。澄清意义的关键在于弄清思维与语言的关系。

一、概念与语词

与概念相对应的语言形式是词或短语。词和短语统称为语词。例如“学生”“书”是词，“新书”“长篇小说”是短语，它们都表达概念。任何概念都必须用语词表达。但概念与语词又不完全对应。

第一，同一个概念可以用不同的语词表达。例如，“水”与“water”，“红薯”与

“地瓜”分别表达同一个概念。表达同一个概念的语词互为等义词。

第二,同一个语词可以表达不同的概念。例如,“书”这个语词可以表达如下不同的概念:“书本”(这是一本书)“信”(烽火连三月,家书抵万金)“写”(我们要研究书法艺术)。“先生”这个语词可以表达“老师”“医生”“尊者”“丈夫”“知识界人士”等不同概念。表达不同概念的语词是多义词。

概念和语词间的关系给我们许多启示。

1. 准确理解词义

《韩非子·外储说》有这样一个故事,郑县人卜子使其妻为裤,其妻问曰:“今裤何如?”夫曰:“象吾故裤。”妻子因毁新令如故裤。妻子以为丈夫要她把新裤子做得像旧裤子一样“破”,而实际上丈夫指的是跟旧裤子一样的“样式”。妻子未能准确理解词义,做了蠢事。

2. 准确把握概念,避免用词不当

说话写文章出现用词不当的毛病,往往是由于对语词表达的概念不够明确。例如:“他的意志很坚决”中“坚决”一词用得不恰当,应改为“坚强”。“坚决”是“态度或行动确定不移,不犹豫”,而“坚强”才是“意志强固有力,不可动摇或摧毁”。因此,我们应当准确把握概念,搞清概念的内涵和外延,以免用词不当。

3. 准确表达概念,不能以词害义

既然语词以表达概念为自己的交际任务,那么运用语词时,就应该准确表达概念,而不能为表达而表达,以词害义。例如:“一轮圆圆的新月挂在湛蓝的天空。”新月即上弦月,是弯的,不可能是圆的,也不可能是“一轮”;“一轮”“圆圆的”就不是新月了。为了语言的华丽,造成了自相矛盾,是不足取的。

4. 适应语境,恰当表达概念

既然一个概念可以用不同的词语表达,那么在运用词语的时候,就不仅要考虑到它所表达的概念,而且要考虑到语境,以求表达恰当。例如,科技论文可以写《马铃薯培育技术》,去市场买菜,就要说“来二斤土豆”。

5. 谨慎用词,避免歧义

多义词可以表达多个概念,但在具体的语境中一般是单义的。如果到了具体的语境中仍然多义,那就成了歧义,就会给对方的理解造成困难,从而影响正常的交际。例如,“我喜欢杜鹃”这句话中的“杜鹃”究竟是指一种花,还是指一种鸟？还是一个人？这是应该明确的。

二、命题与语句

与命题对应的语言形式是语句。任何命题都必须用语句表达。命题与语句又不完全对应。

1. 同一个命题可用不同的语句表达

例如：

① 这是我的书。

This is my book.

② 偶数能够被 2 整除。

偶数难道不能被 2 整除吗？

可以表达同一个命题的语句是同义句。同义句的存在为语句的选择提供了条件。例如“把”字句和述宾谓语句的选择。

A. 孩子把杯子打碎了

B. 孩子打碎了杯子

在法庭上，就要用“把”字句“把犯人带上来”，如果用述宾谓语句“带上来犯人”就显得有气无力。《红楼梦》里贾宝玉有句自愧的话：“绫锦纱罗只不过裹了我这枯株朽木。”如果用“把”字句“绫锦纱罗把我这枯株朽木裹了”就莫名其妙。

2. 同一个语句可以表达不同的命题

例如：

① 他的笑话说不完。

② 老张在火车上写字。

例①既可以表达命题“他会讲许多笑话”，也可以表达命题“他做事荒唐，关于他的笑话很多”。例②既可以表达命题“老张乘火车时写字”，也可以表达“老张在火车的车厢上写字”。

能够表达不同命题的语句是多义句。多义句在具体的语境中一般是表达单义的，否则就成了歧义句。歧义句是应该避免的，因为它妨碍语言的正确理解。例如：

① 三个学生的家长到学校来反映情况。

② 我们要学习文件。

例①“三个学生的家长”既可以指三个学生的若干位家长，也可以指学生的三位家长。例②“要学习文件”既可指“将要学习文件”或“应当学习文件”，又可指“索要学习文件”。两例的意思都不明确。

三、定义

定义是揭示概念内涵的逻辑方法。例如：

人是能够制造和使用生产工具的动物。

定义由被定义项、定义项、定义联项组成。被定义项是被揭示内涵的概念，定义项是用来揭示被定义项内涵的概念，定义联项是表示被定义项和定义项之间联系的概念。上例中的“人”是被定义项，“能够制造和使用生产工具的动物”是定义项，“是”是定义联项。

定义的方法是“属＋种差”。“属”即属概念。“种差”是一个种概念与其他种概念之间的区别。例如给“梯形”下定义，就要先找到“梯形”的属概念“四边形”，然后找到“梯形”的种差，即“一组对边平行”，加起来就成了定义项“一组对边平行的四边形”，把定义项与被定义项联系起来就成了定义：

梯形是一组对边平行的四边形。

由于事物的属性是多方面的，因此人们可以从不同的角度分析种差。有的种差反映事物的性质，如“梯形是一组对边平行的四边形”。有的种差反映事物间的关系，如“负数是小于零的数”。有的种差反映事物的发生和形成，如“角是由一点引两条射线形成的图形”。有的种差反映事物的功用，如“伞是挡雨或遮阳的用具”。根据种差的不同，“属加种差”定义可以分别为性质定义、关系定义、发生定义、功用定义。

定义有如下规则：

（1）定义项和被定义项应是全同关系

这条规则要求，定义项的外延不能大于被定义项的外延，也不能小于被定义项的外延。违反这条规则的逻辑错误叫“定义过宽”或“定义过窄”。例如：

① 刑法是带有强制性的法律。

② 刑法是惩治杀人犯的法律。

例①“带有强制性的法律”的外延大于“刑法”的外延，犯了“定义过宽”的逻辑错误。例②“惩治杀人犯的法律”的外延小于“刑法”的外延，犯了“定义过窄”的逻辑错误。

（2）定义项不能包含被定义项

给概念下定义，就是用定义项说明被定义项的内涵，达到明确概念的目的。如果定义项中包含了被定义项，就是用不明确的概念去定义不明确的概念，结果还是不明确。违反这条规则的逻辑错误叫“定义循环”。例如：

① 麻醉就是麻醉剂所起的作用。

② 偶数就是奇数加一。

例①定义项“麻醉剂所起的作用”直接包含了被定义项“麻醉”。如果要问什么是麻醉剂，还是回答——能够使人麻醉的药物。这就造成了定义循环。例②

定义项中的“奇数”间接地包含了被定义项“偶数”，因为要问什么是“奇数”，还要说“奇数是偶数减一”。两例都犯了“定义循环”的逻辑错误。

（3）定义不能用比喻

比喻是一种很好的修辞方法，能使语言表达生动形象。但比喻不能清楚地揭示概念的内涵，所以定义不能用比喻。违反这条规则的逻辑错误叫“比喻定义”。例如：

① 儿童是祖国的花朵。

② 教师是人类灵魂的工程师。

例①只是形象地表现了儿童的可爱，并未说明“儿童”的年龄规定。例②只是形象地说明了教师工作的重要，并未说明教师这种职业的特有属性。两例都犯了“比喻定义”的逻辑错误。

（4）正概念定义一般不能用否定形式

定义的目的是揭示概念的内涵，如果用否定形式给正概念下定义，就达不到这个目的。违反这条规则的逻辑错误叫“否定定义”。例如：

① 直线不是曲线。

② 直线是非曲线。

例①使用了否定语句，例②使用了负概念，都不能揭示概念的内涵，都犯了“否定定义”的逻辑错误。

对于那些重要的关键性的概念都应当明确其内涵，往往需要用定义。在对话中，当对方问到“什么是……”时，回答也应当使用定义。

定义是用全称肯定命题表达的，但全称肯定命题并非都是定义。例如“羊是动物”就不是“羊”的定义。定义要求主项和谓项是全同关系。而全称肯定命题表达的是主项与谓项之间包含于关系，并不一定是全同关系。“羊是动物”在不作为定义的情况下是正确的，而作为定义就犯了“定义过宽”的错误。因此在一段话中使用定义，应当有定义的标志。在书面语中，经常注明“定义”。教科书是通过它的语境来表示定义的。在口语中经常用“就是”“叫作”等来作定义联项。这是为了把定义和一般的直言命题区别开来。在没有定义标志的情况下，可以用两个相对的全称肯定命题来代替定义。例如，“确定犯罪和刑罚的法律是刑法，刑法是确定犯罪和刑罚的法律”。

四、从《察传》看意义的模糊与澄清

吕氏春秋·察传

夫得言不可以不察，数传而白为黑，黑为白。故狗似玃，玃似母猴，母猴似人，人之与狗则远矣。此愚者之所以大过也。

闻而审，则为福矣；闻而不审，不若无闻矣。齐桓公闻管子于鲍叔，楚庄闻孙叔敖于沈尹筮，审之也，故国霸诸侯也。吴王闻越王勾践于太宰嚭，智伯闻赵襄子于张武，不审也，故国亡身死也。

凡闻言必熟论，其于人必验之以理。鲁哀公问于孔子曰：“乐正夔一足，信乎？”孔子曰：“昔者舜欲以乐传教于天下，乃令重黎举夔于草莽之中而进之，舜以为乐正。夔于是正六律，和五声，以通八风。而天下大服。重黎又欲益求人，舜曰：‘夫乐，天地之精也，得失之节也。故唯圣人为能和乐之本也。夔能和之，以平天下，若夔者一而足矣’。故曰‘夔一足’，非‘一足’也。”宋之丁氏家无井，而出溉汲，常一人居外。及其家穿井，告人曰：“吾穿井得一人。”有闻而传之者曰：“丁氏穿井得一人。”国人道之，闻之于宋君。宋君令人问之于丁氏，丁氏对曰：“得一人之使，非得一人于井中也。”求闻之若此，不若无闻也。子夏之晋，过卫，有读史记者曰：“晋师三豕涉河。”子夏曰：“非也，是己亥也。夫己与三相近，豕与亥相似。”至于晋而问之，则曰，晋师己亥涉河也。

辞多类非而是，多类是而非，是非之经，不可不分，此圣人之所慎也。然则何以慎？缘物之情及人之情，以为所闻，则得之矣。

文章虽然篇幅不长，但内容丰富，见解精辟，能给人以许多有益的启示。文章的核心思想涉及认识论的范畴，还涉及了语言与思维的关系问题，即：“辞多类而非是，多类是而非。”言辞为什么很多似是而非呢？道理就在于自然语言的模糊性，和由此而产生的歧义性。造成这歧义的原因又是多方面的。有语法方面的，如“夔一足”这句，虽然只有三个字，然而句子的结构却可以有两种不同的分析，一种是“夔一，足”，一种是“夔，一足”。前者的语义是“夔这样的人一个就够了”，后者的语义是“夔这个人一只脚”，两种分析又是都能成立的，所以就产生了歧义。离开语境理解这个句子，就可能引起谬误。有词汇方面的，上面的例子之所以两歧的原因，还在于“足”这个词有两个不同的词义，一个是“足够”、一个是“脚”。有修辞方面的，如“吾穿井得一人”其中的“一人”按一般理解，那当然是“一个人”，可宋人丁氏说这句话时，却是运用了借代的修辞方法，即以“一人”代“一人之役使”，可就这个句子本身，却看不出是否运用了借代的修辞方法，因而就有了歧义，也就是造成谬误的可能。有文字方面的，“己亥”错为“三豕”即是。

第五节　隐含假设

一、隐含假设的重要

论证往往有隐含的假设。隐含假设对于论证的理解有重要价值。如果一个论证的隐含假设虚假或错误，那么论证的论题就值得怀疑。更重要的是，虚假的隐含前提本身也会造成重要的消极影响。因此，对论证的评估，有时需要审查其隐含假设。南京彭宇案，就是当代社会生活的典型案例。2006 年 11 月 20 日，退休职工徐某某在南京水西门广场公交站跑向一辆乘客较少的公交车时摔倒骨折，小伙子彭宇随即将徐某某扶起，与后来赶到的徐某某家人一起将她送往医院治疗，并代付了医药费。徐某某指认撞人者是彭宇，告到法院索赔 13 万余元。彭宇表示冤枉。法官从经验出发，根据彭宇将伤者送往医院并代付医药费，判处彭宇给付受害人损失的 40%。彭宇不服，法官说：“不是你撞的，你为什么去扶？”一时间舆论哗然。社会上不敢搀扶老人的现象增多。有人说，这一判决使道德水平滑坡至少五十年。十年后，彭宇承认自己撞了徐某某。社会舆论又为法官喊冤，甚至批评媒体和公众对司法审判造成了的不应有的压力。反思事情的整个过程。社会舆论关注的是彭宇冤枉还是法官冤枉，却没有把握法官判决的逻辑问题。法官的错误，根本在于其“不是你撞的，你为什么去帮忙?”的隐含前提“如果未撞人就不会主动帮忙”，而不在判定彭宇赔偿。这一隐含前提践踏了无数人助人为乐的善良。当彭宇承认撞人后，这一错误的隐含前提还在。如果不正视并批评这一隐含前提，彭宇案的消极影响就无法消除。如果法官有较好的批判性思维素养，就不会这样断案。

二、不同的隐含假设会有不同的结论

隐含假设的重要，还在于它会影响结论，甚至得出相反的结论。

[**例 1**] A. 谋杀是不可容忍的。
(堕胎是谋杀。)
所以堕胎是不可容忍的。

这一论证的结论是“堕胎是不可容忍的”，因为隐含了假设前提“堕胎是谋杀”。

B. 妇女有权决定自己的身体事务。
(堕胎是妇女自己的身体事务。)
所以妇女有权决定堕胎。

这一论证的结论是“妇女有权决定堕胎”，因为隐含了假设前提“堕胎是妇女自己的身体事务”。

[**例 2**] A. 我患病时乘公交车别人不让座，我很难过。
(我跟别人学。)
所以别人患病乘公交车我也不让座。

B. 我患病时乘公交车别人不让座，我很难过。
(我不想让别人难过)

所以别人患病乘公交车我要让座。

相同的前提得出了相反的结论，原因就在于不同的隐含前提。

三、省略的前提

论证是推理的应用。推理中省略的前提就成了论证的隐含假设。例如：

(1) 铁是导体，因为铁是金属。

(2) 金属是导体，所以铁是导体。

这是两个三段论。例(1)省略大前提“金属是导体”。例(2)省略小前提“铁是金属”。

(3) 这菜不是傻柱炒的。要是傻柱炒的，会很好吃。

(4) 老王没来，今天一定是开会了。

这是两个假言推理。例(3)省略的前提是“这菜不是很好吃”。例(4)省略的前提是“如果老王不开会，今天就来了”。

对于省略形式的推理，要能够将省略的命题加以补充。

四、前提的预设

所有语句都隐含命题。语句所隐含的命题叫作语句的预设。例如“李健是医生”这个语句的预设至少有“有人叫李健”“有一种职业是医生”。“请把门关上”这个语句预设“门是开着的”。如果一个语句的预设虚假，那么这个语句就是不合理的。例如，如果门是开着的，那么“请把门打开”这个语句的预设“门是关着的”就假，因而“请把门打开”这个语句就是不合理的。听话的人便会莫名其妙。

前提的预设,就成了论证的隐含假设。例如:

这菜不是傻柱炒的。要是傻柱炒的,会很好吃。

“要是傻柱炒的,会很好吃”。预设“我吃过傻柱炒的菜”。如果这一预设虚假,“要是傻柱炒的,会很好吃”。这一前提就值得怀疑。所以,对这一论证的质疑可以从“我吃过傻柱炒的菜”开始:“你吃过傻柱炒的菜吗?”如果回答:“我没有吃过傻柱炒的菜,我听别人说傻柱炒的菜很好吃。”质疑者会说:“道听途说不足为凭。”

省略的前提也可以有预设。“这菜不是傻柱炒的。要是傻柱炒的,会很好吃”。这一论证省略了前提“这菜不是很好吃”。这一省略的前提可以预设“我今天的感觉很正常”。这一预设又可以预设“我今天没生病”。因为省略的前提和前提的预设都是隐含假设,因此,隐含假设可以有很多层次,并且可以不断地追问下去,从而使反思愈益深入。

第六节　替代性选择

一、替代性选择的意义

给出观点或论证的替代性选择,是批判性思维一种积极的姿态。批判性思维不仅要对错误的观点或论证作出评价,还应当给出正确的或恰当的观点或论证。这种新的正确的或恰当的观点或论证,就是我们所说的替代性选择。对于作为反思对象的论证,可能有三种不同的情况。第一,同意反思的论证。也就是说,经过反思,我们认可或接受这一论证。第二,经过反思,我们认为这一论证或观点是错误的,那么我们应当提出新的、正确的观点并构造新的论证。第三,经过反思,我们认为反思的对象基本上或观点的倾向是正确的,或有合理的因素,但其观点还不够恰当,论证有问题或有缺陷,那么我们就来修改那个观点,作出新的论证。

二、构造相反的论证

电视剧《白鹿原》中朱先生与刘军长的对话如下。

刘：听说先生正在编写县志。这县志里都写些啥啊？

朱：上至三皇五帝，下至当今时下，凡本县所发生的大事，通都容纳。

刘：那我军围城，肯定也能记入您的史册。

朱：您围的是西安城，不是滋水县，因此无权载入。

刘：刘某不能进入先生的史册，遗憾终身哪！今日来呀，刘某想邀请您做我的私人老师，教诲圣书，习练笔墨。

朱：我得先讲一条——您得先把这戎装脱了，把枪扔了，我才敢伴君念书习字。我比彭县长的胆子还小哩！

刘：好！一旦拿下西安，我就把枪啊，扔进城河里去。

朱：那么这件事，就等刘军长进城以后再说吧。

刘：我一进关，就闻听先生大名，说先生能识天相，能知吉凶灾变。我想请先生算上一卦，我何时能围城成功？几月进城啊？

朱：刘军长您进不了城。我两只柴狗把门，将军尚不得入，城中的两位将军名字里都有虎字，二虎把门，您怎么能进得去哩！

刘：这样不吉利的话，只有先生您敢说在我当面。

朱：只有将军您来，我才有兴致开这玩笑。

（鹿兆鹏端饭菜上。）

朱：来来来，刘军长您先吃。

刘：您这厨子，是个生手外八路吧？

朱：哎！方圆百里，名厨高手哩！

刘：这哪有豆腐和肉一锅熬的？这豆腐都熬成糊涂，都熬苦了，这肉还是半生不熟，嚼不烂。还名厨高手呢！

朱：豆腐熬肉这种事啊，往往出在名厨高手。

……

刘：朱先生不必窝在这儿修史，大材小用了。不如跟我去做点儿大事。

朱：朱某怎么觉得没有比修史更大的事哩！

刘：先生是关起门来读书读多了。当政者一句话，这历史还不是想咋说就咋说？

朱：刘军长听过《三国演义》吗？三让徐州，刘军长听过吗？

刘：陶谦仁义让徐州。为了老百姓，宁可给刘备，也不给曹操。这个我都能给您背出来！

朱：那是《三国演义》的说法。《三国志》里却不是这么记载。

刘：嗯，愿听先生明示。

朱：《三国志》记的是历史，似乎更可信些。它说，陶谦乃一地军阀，残暴腐败，为害一方。误判形式，灭曹操满门。曹军打来，陶谦吓死。死之前对下属说，悔不该当初，还不如让与刘备。

刘：这历史和演义，怎么会有如此大的区分？

朱：刘军长问得好！自古以来呀，老百姓喜欢道义上感人的故事，根据自己的喜好，演义的历史，或流芳百世，或遗臭万年。岂是当政者能左右的呢！

这段对话里，刘军长有多个论证，朱先生也有相反的多个论证。我们选两个加以分析。

第一，刘军长关于镇嵩军能否入西安城的论证。

我能够打进西安城。

实际上这是一个零论证，只有论题，没有论据。这论题是"我何时围城成功？几时入城？"这两个疑问句的预设。不作论证，不提供理由，连论题都是作为预设提出的，正符合刘军长的身份。

朱先生构造了一个相反的论证。

刘军长进不了西安城。两只柴狗把门刘军长尚不得入，西安城二虎把门，刘军长更不得入。

第二，刘军长关于历史的论证。

当政者一句话，这历史想咋说就咋说。

这又是一个零论证，未提供理由。

朱先生的相反论证如下。

《三国志》记载：陶谦乃一地军阀，残暴腐败，为害一方。误判形势，灭曹操满门。曹军打来，陶谦吓死。死之前对下属说，悔不该当初，还不如让与刘备。《三国演义》说：陶谦仁义让徐州。为了老百姓，宁可给刘备，也不给曹操。自古以来呀，老百姓喜欢道义上感人的故事。根据自己的喜好演义的历史，或流芳百世，或遗臭万年。所以说历史不是当政者能左右的。

作为论据的一半内容“陶谦义让徐州”，是朱先生引导刘军长自己说出来的。这更加强了朱先生论证的力量。

朱先生是对话的高手，其实首先是一位高水平的批判性思维者。那高超的对话艺术，正来自批判性思维。

三、调整的论证

下面是一个关于语文教育的论证。

语文素养的获得要靠习得。多读，是提高语文素养的根本途径。语音、词汇、语法、修辞，都在言语作品里面。俗话说，熟读唐诗三百首，不会吟诗也会吟。曹雪芹和鲁迅都没有学过语法，却写出了极好的文章。

有人读了这段文字，认为这一论证强调习得的基本观点是正确的，但忽视了学得,因而失之偏颇。于是作了下面的论证。

> 反对语文课程知识价值的人,往往说鲁迅司马迁并没有学过那么多语文知识却是语文大家。可是他们没有考虑到,没有语文知识指导的语文实践,如同在黑胡同里乱撞,只有少数悟性极高的人才能冲出来。语言知识难道是语言学家们自己弄着玩儿的?语言知识的意义就在于指导人们学习语言,进行语言实践。人们经常说"熟读唐诗三百首,不会吟诗也会吟"。但在有限的时间内,读280首,用读20首的时间来学习相关的知识,来学习写诗和吟诗的规律,效果是不是更好?效率是不是更高呢?语文课程知识的意义还在于:语文实践最好是在语言生活的具体情境中进行。离开了具体的语境,语言实践就失去了动力和是否得体的评价标准。语文实践也因此是一个长期的过程,甚至终身的过程。也就是说,学生的语文实践不是在学校中完成的,而语文知识的学习却应当在学校基本完成,以便为学生终身的语文实践做好知识的铺垫和准备。因此,即使我们考虑到语文课程的实践性,语文课程知识也是语文课程内容的主体或基础。

这一论证的关键,在于对原有论证思想的修改,将读300首唐诗改为读280首,而拿出读20首唐诗的时间来学习相关的知识。

四、科学史上替代性选择的经典

哥白尼刚提出日心说的时候,并没有引起多大的反响,因为这套理论一开始并不完善,甚至是没有地心说预测日食和月食来得准确。哥白尼认为太阳是宇宙的中心,包括地球在内其他行星以正圆的轨道围绕太阳运行,由于他所说的行星轨道是正圆,所造成的后果就是这套理论完全没有由托勒密建立起来的本轮和均轮宇宙模型预测行星运行规律更加精确。但是科学界并没有放弃日心说。让人们完全接受日心说是因为开普勒的工作,他在17世纪提出了行星运行的三大定理。这套理论否定了宇宙运行的圆形轨道,指出了行星运行轨道都是椭圆的。这时的日心说才真正以其简洁的模型、精确的预测展现出了科学真理的魅力。也就是说，当开普勒的椭圆形轨道说替代了圆形轨道说，哥白尼的日心说就成功了，从而彻底结束了地心说的历史。

五、叙事文本的替代性选择

叙事文本往往可以看成一个准论证。比如一则新闻的标题，可以看成论证的结论，前提在正文中。或许也可以看成是前提，由读者补充结论。《环球时报》2025 年 3 月 11 日有一则新闻，内容是清华教授徐甜甜获沃尔夫建筑奖。沃尔夫奖是最具国际影响力的学术奖项之一，然而这则新闻偏偏用了一个很糟糕的题目《清华教授徐甜甜，获大奖》。“获大奖”是一个俗不可耐的说法。谁会关心一个教授获奖的事情？何况铺天盖地都是各种无聊的大奖。再则，主语“清华教授徐甜甜”后面用了一个逗号，这个逗号是有强调意义的。为什么要强调这个主语。这则新闻的题目不好，不等于这则新闻不好。题目改成《清华教授徐甜甜获沃尔夫奖》，立刻就漂亮了。

第七节　依赖、支持和削弱

一、依赖

依赖指的是一个论证只有在某一假设为真时才能成立，或者说，如果该假设为假，则该论证不成立。例如：

孩子看的电视越多，他们在数学知识方面的能力就越差。美国有三分之一以上的孩子每天看电视超过 5 个小时，而在韩国这个数字只是 7%。但是，在美国能理解高等测量和几何概念的孩子少于 15%，而在韩国却有 40%的孩子具有这方面的能力。所以，如果美国的孩子想学好数学，他们就必须少看电视。

以下哪项是上述论证所依赖的假设？

A. 美国的孩子在高等测量和几何概念方面的兴趣比韩国孩子的低
B. 韩国的孩子比美国的孩子接受更多的功课训练
C. 想学好高等测量和几何的孩子将会少看电视
D. 如果每天看电视少于1小时，孩子在高等测量和几何方面的能力就会提高
E. 美国的孩子在高等测量和几何方面所接受的教育一点也不比韩国的孩子差

正确选项为E。即“美国的孩子在高等测量和几何方面所接受的教育一点也不比韩国的孩子差”。是上述论证所依赖的假设。因为如果没有这一假设，那么，美国孩子在理解高等测量和几何概念不如韩国孩子的原因很可能是在这方面受的教育比韩国孩子少，而不是因为看电视太多。

二、支持

支持指的是一个论证的前提能够有效地得出某一结论，我们就说该论证支持该结论。例如：

一种在所有葡萄中都含有的化学物质可以帮助降低人类血液中的胆固醇，这种化学物质也存在于红葡萄酒和葡萄汁中，但在白葡萄酒中却不存在。红葡萄酒和葡萄汁都是用完整的葡萄制作的，而制作白葡萄酒却不用葡萄皮。

如果以上资料为真，最能支持以下哪项结论？

A. 经常饮用像红葡萄酒或白葡萄酒这样的酒类饮料能显著降低血液中的胆固醇
B. 吃完整的水果比喝用完整的水果制作的果汁更有可能降低血液中的胆固醇
C. 红葡萄皮而不是其他的葡萄皮中含有降低血液胆固醇的化学物质
D. 降低血液胆固醇的化学物质存在于葡萄皮中而不存在于葡萄的其他部分

E. 降低血液胆固醇的化学物质只存在于用葡萄制作的饮料中而不存在于用葡萄制作的固体食品中

正确选项为D。即该论证最能支持的结论是“降低血液胆固醇的化学物质存在于葡萄皮中而不存在于葡萄的其他部分。”

三、削弱

削弱指的是某一假设对于某一论证强度的减弱。不同的假设对同一论证论证强度的削弱程度是不同的。例如：

在两块实验菜田里的每一块种上相同数量的西红柿苗，在第一块菜田里施加镁盐但第二块则不加。第一块产出了20磅*西红柿，而第二块产出了10磅。由于除了水以外没有向菜田施加任何别的东西，第一块菜田较高的产量一定是由于镁盐。

以下哪项假设如果为真，最严重地削弱了上述论证？

A. 少量的镁盐从第一块菜田渗入了第二块菜田

B. 第三块菜田施加了一种高氮肥料但没有加镁盐，产出了15磅西红柿

C. 在每块菜田以相同数量的菜苗种植了四个不同的西红柿品种

D. 有些与西红柿竞争生长的野草不能忍受土壤中大量的镁盐

E. 这两块菜田的土质和日照量各不相同

正确选项是B。因为该论证想要得出的结论是：施加镁盐是西红柿增产的原因。而选项B“第三块菜田施加了一种高氮肥料但没有加镁盐，产出了15磅西红柿”说明未施加镁盐而施加高氮肥料也能使西红柿增产，这是对“施加镁盐是西红柿增产的原因”这一结论的严重削弱。选项A“少量的镁盐从第一块菜田

---

* 1磅=453.59克。

渗入了第二块菜田”，虽然也能削弱“施加镁盐是西红柿增产的原因”这一结论，但削弱的力度不如选项B。选项E虽然也能削弱“施加镁盐是西红柿增产的原因”这一结论，但削弱的力度不如选项B。选项C和选项D与上述论证无相关性。

第八节　分析

一、分析是一种哲学方法

分析是人类最基本的思维方法。分析就是在思维中把客观事物分解成各个部分、阶段、属性，区别本质的和非本质的、偶然的和必然的各种因素，掌握事物的某些单纯的规定获得对客观事物某些侧面或某些联系的正确认识。作为一种哲学方法，分析与综合相对。分析是人类最古老的思维方法。古希腊哲学家、逻辑之父——亚里士多德《工具论》有《前分析篇》《后分析篇》。许多学科将分析作为亚学科或课程。如《数学分析》《分析化学》《分析力学》等。分析又是一种应用广泛的研究方法。如“系统分析”“结构分析”“语音分析”“哲学分析”等。

作为一种思维方法，分析是思想清晰、深刻、丰富的必要条件。思想家的文章都善于分析。鲁迅说：“捣鬼有术，也有效，然而有限。”这是分析事物的各个方面。对于择偶，笼统地说“看人好不好”，内容太贫乏。“既要看外表，又要看内心”，这是最简单的分析。“外表决定你有没有兴趣了解他的内心，内心决定你要不要放弃他的外表”，这样的择偶分析，思想深刻，语言精彩。天文学家卡尔·萨根看到旅行者1号拍的“暗淡蓝点”照片后说：“在这个小点上，每个你爱的人、每个你认识的人、每个你曾经听过的人，以及每个曾经存在的人，都在那里过完一生。这里集合了一切的欢喜与苦难，数千个自信的宗教、意识形态以及经济学说，每个猎人和搜寻者、每个英雄和懦夫、每个文明的创造者与毁灭者、每个国王与农夫、每对相恋中的年轻爱侣、每个充满希望的孩子、每对父母、发明家和探险家、每个教授道德的老师、每个贪污政客、每个超级巨星、每个至高无上的领袖、每个人类历史上的圣人与罪人，都住在这里——一粒悬浮在阳光下的微尘。”这是分析事物的层次。例如从“你爱的人”到“你认识的人”，再到“你听过的人”，再到“曾经存在的人”，关系越来越远。

二、分析是批判性思维的重要技能

分析的哲学方法已经成为批判性思维重要的基本技能。北美研究生入学考试 GRE 专设“分析写作”来测试考生的分析能力。其《考试说明》指出：“考试的分析写作部分测验你的批判性思维和分析性写作的技巧。它评估你清楚表述和支持复杂观念、分析论证和保持一致的讨论能力。”分析写作包括两个方面：其一，“表达你对一个问题的观点的论证”，45 分钟。其二，“分析一个论证”，30 分钟。考试说明指出：“这两个任务是互补的，一个要求你构造自己的论证，另一个要求你批判别人的论证，判断他的断言和评价他的证据。”“分析的最重要的评分标准是批判性思维和分析性写作的技巧”。“比如你可以：① 完全同意题目中的断言，或者完全不同意，或者同意一部分。② 质询断言似乎作出的假设。③ 限定它用的关键词的含义，特别是对发展自己的论证有关系时。④ 指出为何断言只是在某种条件下成立而在另外条件下不成立。⑤ 评价与你对立的观点。⑥ 使用有关例子来支持你的理由并以此来论证你的立场。”

三、分析示例

下面是上海师大刘辉先生的研究：

小说《我们怎样过母亲节》第一自然段小说中的“我”的一个论证如下。

> 一年过一次母亲节这个主意要算最高明了，难怪 5 月 11 日在美国正在成为一个人人喜爱的日子。

先看关键词“难怪”的语义分析。我们将含有“难怪”的句子抽象为“p，难怪 q”。其基本语义是：第一，说话人认定 q 是事实。第二，说话人表明自己对何以 q 有相对较长时间的困惑。第三，说话人认定 q 的原因是 p。q 为“5 月 11 日在美国正在成为一个人人喜爱的日子”是事实。p 为“一年过一次母亲节这个主意要算最高明了”。“我”认为:p 是 q 的原因,即“我”认为:美国的母亲节是每年的 5 月 11 日。

事实上,据英文维基百科,从 1908 年至 1926 年,美国的母亲节只有三次在 5 月 11 日(分别是 1913 年、1919 年和 1924 年)。

语用推理:“我”的看法与客观事实不符。“我”既不了解母亲节,又认为美国人人都认同“我”的看法。因此,“我”应该是一个自以为是、自我中心的人。有的版本丢掉了这第一自然段,是不明智的。

第三章

批判性思维的意义

批判性思维的意义是巨大的。多拉·蒙维尔指出:“批判性思维和创造性思维是推动知识社会前进的主要动力。”批判性思维研究、倡导和教学的蓬勃发展,其实正是它的重要价值的侧面反映。麦基编的《思想家》[1]指出:“如果不对假定的前提进行检验,将它们束之高阁,社会就会陷入僵化,信仰就会变成教条,想象就会变得呆滞,智慧就会陷入贫乏。社会如果躺在无人质疑的教条的温床上睡大觉,就有可能渐渐烂掉。要激励想象,运用智慧,防止精神生活陷入贫瘠,要使对真理的追求(或者对正义的追求,对自我实现的追求)持之以恒,就必须对假设质疑,向前提挑战,至少应做到足以推动社会前进的水平。人类和人类思想的进步是反叛的结果,子革父命,至少是革去父辈的信条,而达成新的信仰。这正是发展、进步赖以存在的基础。在这一过程中,那些提出上述恼人问题并对问题的答案抱有强烈好奇心的人,发挥着绝对的核心作用。”

第一节 批判性思维的认知意义

批判性思维的意义首先在于认知方面。这种思维品质是获得知识、追求真理的重要条件。因为真知必须经得起质疑和反思。没有质疑和反思,就难免被假知识、伪科学所蒙骗。萧伯纳指出:“要小心一切假知识,它比无知更危险。”而批判性

① [英]布莱恩·麦基编;吴芸菲译. 思想家[M]. 北京:生活·读书·新知三联书店,2024.

思维则可以使我们在获取知识和追求真理时始终保持警惕，并能及时剔除假知识。

一、认知的局限性与真理的相对性

人类的认知是有局限性的。西湖大学校长施一公教授说："科学发展到今天，我们看世界完全像盲人摸象一样。我们看到的世界是有形的，我们自己认为它是客观的世界。其实，我们已知的物质的质量在宇宙中只占4%，其余96%的物质的存在形式是我们根本不知道的。"1927年德国物理学家维尔纳·海森堡提出了著名的测不准原理：在量子系统中，某些物理量无法同时以绝对精确的方式测量。最经典的一对物理量是位置和动量，如果我们准确地测量了粒子的位置，那么其动量的不确定性会变得非常大；同样，若我们精确测量了粒子的动量，其位置的不确定性也会增加。1931年美国著名数学家、逻辑学家哥德尔提出了不完全定理：一个系统的一致性不可能在系统内部得到证明。

古希腊先哲苏格拉底在街上向一位年轻人提问先有鸡还是先有蛋。年轻人想了想回答道："先有鸡，因为蛋是由鸡产出来的。"苏格拉底问："鸡又是从哪来的呢？"年轻人又想了想说："哦，那应该是先有蛋后有鸡，鸡是由蛋孵出来的。"苏格拉底问道："蛋又是从哪来的呢？"年轻人被搞蒙了，就反过来问苏格拉底："人人都说你很智慧，那你说说是先有鸡还是先有蛋？"苏格拉底一本正经地说："我也不知道。""都说你很智慧，原来你也不知道啊！"年轻人得意地笑了。苏格拉底说："我与你不同的是：我知道我不知道，而你不知道你不知道。""我知道我不知道"这一幽默的自嘲，是对宇宙大道的谦卑和对生命的敬畏，蕴含着无穷的智慧。无独有偶，中国古代的孔子在《论语》里说："知之为知之，不知为不知，是知也。"

二、科学的证伪原则

20世纪中叶，英国科学家波普尔提出了科学的"证伪原则"。他认为，任何科学理论都永远不能被证实，无论有多少观察和实验的依据。相反，只要有一个相反的事实，科学理论就可以被证伪。因此。只有可以被证伪的理论才是科学理论。波普尔以爱因斯坦的相对论和弗洛伊德的精神分析理论作为例子来说明可证伪性的重要性。爱因斯坦的相对论提出了具体的预言，如光线在经过太阳时会弯曲，如果观测结果不符合预言，爱因斯坦的理论就会被证伪。而弗洛伊德的精神分析理论则缺乏这样的可测试性，因其解释过于灵活，无法被具体的观察和实验所否定。因此，波普尔认为相对论是科学，而弗洛伊德的理论则不具备科学性。

在科学发展的历史上，有不少科学理论被证伪的例子。例如"地心说"。在哥白尼的"日心说"之前，人们普遍信奉古希腊天文学家托勒密的"地心说"。连古希腊最伟大的哲学家亚里士多德也坚持"地心说"。地心说的主要观点是地球是宇宙的中心，所有天体都围绕地球旋转。然而，随着望远镜的发明和天文观测技术的发展，科学家们发现了许多与地心说相矛盾的现象，从而动摇了地心说的地位。首先，望远镜的发明提供了新的观测手段。通过望远镜，科学家们发现了木星的四颗卫星并不绕地球旋转，这直接挑战了地心说的核心观点。

再如时间恒定说的证伪。爱因斯坦之前，时间被认为是恒定的。爱因斯坦提出光速是唯一的恒定量，这一观点最初被认为荒谬。然而，现代科学表明，时间会因引力和速度的不同而变化。

三、在质疑和反思中发现谬误

真理是在与谬误的斗争中发展的。发现谬误是人类认知发展的重要节点。批判性思维的重要意义就在于通过质疑和反思发现谬误，获得真知。从这个意义上说，批判性思维是人类追求真理的必由之路。美国科幻作家阿西莫夫说："一个英语文学家严肃地教导我们，每一个世纪的人都曾经认为他们最后完成了对宇宙的认识，后来都被证明是错的。所以，可以断定我们现在的知识是错的。我对他的回答是，当人们认为地球是平的时，他们错了，当人们认为地球是球形时，他们错了。但如果你认为地球是球形的观点和地球是平的观点一样错，那么你的观点比他俩加起来还要错。"

自由落体理论的发展就是一个经典案例。亚里士多德的自由落体理论认为：物体下落速度与重量成正比。伽利略发现，这一理论存在一个无法解决的矛盾。在《两门新科学》中，伽利略借他的化身萨尔维亚蒂与辛普利修的谈话，质疑了"物体下落速度与重量成正比"的说法。"萨尔维亚蒂：如果我们取两个自然速率不同的物体，把两者连在一起，快者将被慢者拖慢，慢者将被快者拖快。您同意我的看法吗？辛普利修：毫无疑问。您是对的。萨：但是假如这是真的，并且假如大石头以 8 米/秒的速率运动，而小石头以 4 米/秒的速率运动，两石头在一起时，系统将以小于 8 米/秒的速率运动，但是两块石头拴在一起变得比原先速率为 8 米/秒的石头更大，所以更重的物体反而比更轻的物体运动慢，这个效果与您的设想相反。"就这样，伽利略雄辩地揭露了速度与重量成正比的说法是荒谬的。通过实验，伽利略证明："任何物体在引力场中都同样快地下落。"

四、识破欺骗

从宏观上说，世界上多数谬误是人类认知探索过程中不可避免的阶段。那些谬误不是谎话。而还有一些谬误却来自欺骗，是谎话。问题的严重性在于，很多时候，欺骗并不容易识别。马丁·科恩说："如今，几乎没有一个人会说它们喜欢希特勒的观点，但这只会让人更加担心。要知道，在希特勒的营销宣传之下，不到几年工夫，纳粹组织就从美洲在酒吧聚会的那一小撮心怀不满的退伍士兵，发展成了人数多达百万的群众运动。这种规模的群众运动，只需假以时日，便能够成功夺取整个德国——这个世界上治理最超群的国家之一——的控制权。"不要以为只有大事才有阴谋有欺骗。日常生活中的欺骗更多。有资料显示，2023 年上半年我国 60 岁以上老人被骗案件同比增长 43%，单案最高损失 860 万元。一个更为严重的问题是，受骗者中不乏退休教师，甚至特级教师。

因而批判性思维的认知意义还在于警惕欺骗，识破欺骗。丘吉尔说："当我们不会质疑的时候，骗子便产生了。"2017 年在哈佛大学新生开学典礼上，校长德鲁·吉尔平·福斯特对新生的致辞，重申哈佛艺术与科学学院已故的前任院长杰里米·诺尔斯在欢迎本科新生的年度典礼上，曾描述过他所认为的高等教育最重要目标——确保毕业生能够辨别"有人在胡说八道"。

五、了解真相——识别竞争性真相

真相与真知密切相关。真知离不开真相。然而每个人的生活时空有限，因此了解真相并不容易。每个人耳闻目睹的真相很少。很多事情是间接了解的。然而间接了解的事情却未必是真相，或者，未必是事情主要的或最重要的真相。当年著名的国学大师王国维自沉昆明湖，人们对这件事件的解释可谓五花八门：郑孝胥、史达、溥仪、郭沫若、王振铎持“负债说”，顾颉刚认为“因国家没有研究机关而致死”，叶嘉莹持“新旧文化激变中的悲剧人物说”，萧艾持“因病厌世说，刘雨持“受梁启超排挤说”，等等。你究竟相信谁的？真相究竟是什么？

更深刻的问题是竞争性真相。即针对同一事件或现象，存在多个不同版本的真相解读。这些解读并非全然虚假，而是基于不同的利益群体或观察视角，各有其目的、背景和强调的重点。如同多面棱镜折射出的不同景象，这些存在竞争关系的真相便是竞争性真相。同一张图片，有人看成少女，有人看成老太婆。两者都是真相，观察角度或重点不同。某工厂发生火灾，也许人们看到的新闻是有人奋不顾身抢救国家财产。而火灾的原因及其应当汲取的教训，人们却看不到或不了解。赵汀阳先生说，事情有不同的长度和密度。例如：“张三用木棒把李四打倒在地。”“李四拿着刀子扑向张三，张三用木棒把李四打倒在地。”这两个句子所描述的事情是从同一个事件上截取的，但长度不同，因而人们所理解的事情的性质也不同。前者是张三行凶，后者是李四行凶，张三自卫。玻利维亚的藜麦消费量五年间下降了34%。什么原因呢？有一种解释是，藜麦价格上涨了两倍。当地家庭已经吃不起这种主食了，它已经变成了奢侈品。另一种解释是，秘鲁人和玻利维亚人只是想换换口味，吃点别的东西。对于全球气候变暖，气象学家可能基于长期气象数据和气候模型得出温室气体排放是气候变化主因的结论，并倡导国际减排措施。然而，部分能源企业或依赖传统能源的国家可能强调气候变化的自然因素比人类活动更重要，这源于他们在能源结构调整中的经济和战略利益考量。复杂的现实世界为同一事件提供了多种解读的可能性。竞争性真相如同盲人摸象一般。对每一个人的了解都可能成为竞争性真相。同一个人可能既是著名的艺术家，又是一位家暴狂，一个人可能是叱咤风云的英雄，却偏偏害怕蛇。一段历史更可能成为竞争性真相的载体。面对扑朔迷离的竞争性真性，需要以批判性思维突破信息茧房，尽可能地了解更多的真相甚至真相的全貌。或者了解竞争性真相背后不同的观察视角及其理论框架甚或价值观念，和不同的相关利益。

六、克服认知干扰

培根的话很能说明批判性思维培养的必要性："人们对事物的理解并不是那么公正且富有理性的，而是受到强烈的主观愿望和个人感情的影响。从这个角度来说，科学可以被称为'某人所期望的科学'。一个人更愿意相信他所期望的东西，而不是真理。因此，他因为缺乏研究的耐心而排斥困难的东西；因为迷信而排斥大自然中深奥的东西；因为傲慢和自大而排斥经验的启示；因为顺从无知的庸人的意愿而排斥和违背普遍认可的东西。简而言之，个人感情会通过种种途径，而且有时是令人难以察觉地影响人们对事物的理解。"①

七、认知的五分之一法则

所谓"五分之一法则"，指的是无论你说出多么不可置信的话，这个世界上总有五分之一以上的人相信。或者说，无论一个观念多么荒唐，一条信息多么离谱，这个世界上大概都会有五分之一的人相信它是正确的。

美国的一份报纸，做过如下的测试：专门设定一些极其不靠谱的命题，诸如"高个跑步易出现缺氧""喜欢买彩票的人是最善良的人"之类的谬论。不管多么离谱的命题，都能获得五分之一以上的支持率，人类的这种认知愚蠢概率，就是"五分之一法则"。

八、警惕信息茧房和意义茧房

"信息茧房"这一概念来自美国学者伊莱·帕里泽的著作《过滤气泡》。他指出：随着互联网平台和社交媒体算法的普及，人们接收到的信息越来越受到算法推荐的影响。这些算法会根据用户的偏好提供个性化内容。从而导致用户只能看到符合自己观点的信息，而忽略信息的多样化。这种现象被称为"过滤气泡"

---

① ［英］培根. 许宝骙译. 新工具［M］. 北京：商务印书馆，1984.

或"信息茧房"。信息茧房被用来指因为信息封闭而思想呆滞和目光短浅。随着人工智能的加持,信息茧房的力量空前强大。以色列哲学家、历史学家尤瓦尔·赫拉利提出了"信息节食",甚至定期"信息断食"。首先要放弃"更多信息总是对我们有益"的想法,并且像谨慎摄入食物一样,谨慎摄入信息,特别注意摄入异质信息。美国斯坦福大学社会学系教授周雪光提出,比信息茧房更可怕的是意义茧房。"意义茧房"指的是解读信息的思维定式。同样的信息经过不同的解析,会产生不同的意义。如果思维模式僵化,那么任何信息都会被赋予特定的意义。如果人们有意识地选择自己熟悉的喜欢的信息,排斥异质信息,那么信息茧房将会被强化。也就是说,信息茧房往往是意义茧房自我选择的结果。批判性思维的意义就在于以开放的视野和求真的努力突破思维定式,冲破信息茧房和意义茧房。

第二节　超越成见

成见,在认知中是一个很特殊很重要的概念。因而以专节论述。美国心理学家伦道夫·史密斯的书《挑战你的成见——心理学批判性思维》的正标题就是"挑战你的成见"。足以说明成见对于理解批判性思维的重要。

一、又好又坏的成见

成见是认知行为主体在开展认知活动时脑海中已经形成的某种倾向性理解、见解。成见具有先验性、主见性和偏执性的特点。先验性是指行为主体已经形成的见解先于自己通过实践、体验以及感受而获得的认知而存在。主见性是指行为主体能够排除各种干扰,坚持以自己掌握的有限知识作为认知基础,用自己的一套描绘、解释以及论述系统推出自己的观点,这种观点蕴含着与他人不同的独到之处。偏执性是指容易固执,走极端。对某些认知几乎达到信仰的状态下努力去践行。

"成见"是一个多义词。它有两个义项。一是指"形成的个人见解,定见"。在这个意义上,"成见"是一个褒义词。例如:"胸有成见""胸无成见必然随波逐流”，二是指“对人对事物固定不变的看法”。在这个意义上，“成见”是一个贬义词。例如：“追求真理必须突破成见。”“对人不能有成见。”“面对变化的事物和形势，不要抱有成见”。有人说“成见”是一个中性词。这是不恰当的。中性词没有感情色彩，或者说感情色彩为零。但在上述五个例句中，“成见”都是有感情色彩的。前两个例句是赞扬，后三个是批评。如果将“成见”看成中性词，那就无所谓赞扬或批评。那就既不能用于肯定和赞扬，也不能用于否定和批评。

人类认知有一个基本矛盾：一个人已有的知识将有助于他获得新的发现，同时一个人已有的知识将阻碍他获得新的发现。已有的知识如同认知的土地。新的认知需要以此为存在的基础并由此获得营养，同时新的认知又必须克服地心引力。成见，正是这一矛盾的焦点。

二、认知的进步与突破成见

随着社会文化的进步，使用褒义“成见”的语境越来越少，使用贬义“成见”的语境越来越多。从这里开始，本书所用“成见”，特指其贬义，即指“对人对事物固定不变的看法”。成见是干扰正确认知的思维惯性，代表了保守僵化。成见根深蒂固，是一种思想进步和社会发展的惰性力量。美国作家阿蒂默斯・沃德（Artemus Ward）：“给我们带来麻烦的，不是我们不知道的东西，而是我们以为自己知道的东西。”

每个人都有成见，因为每个人都有认知局限。甚至思想家也在所难免。20世纪初，当女子教育刚出现的时候，连梁启超这样的开明人士和文化大师都有一种成见，认为女性就是相夫教子。而金陵女子大学的校长吴贻芳却突破这样的成见，她大声疾呼：“我办学，是为了培养女界的领导者，让她们为社会所用。”如果说科学领域成见的突破，带来的是科学的进步。那么社会生活中成见的突破，就是开风气之先，推动社会的文明进步。

三、当代学者谈成见

复旦大学当代中国研究中心主任刘建军教授有一篇文章具体生动地谈论成

见，尽管文章当中连一个“成见”都没有用到。他的话让我们深切地感受到成见对于新的思想并不能提供什么营养，却有着阻碍新思想产生的强大的惰性力量。刘建军的文章说如下。

读书读了快半个世纪了，感觉自己的大脑太累了。这么多的思想和知识把我折磨得死去活来，不堪重负。记得若干年前，看到一本英文书，书名是“Sin of Knowledge”，翻译成中文就是“知识的罪恶”。尽管这一论断过于极端，但现在的知识爆炸的确印证了这一论断的某些合理性。于是，我就在想：我的知识世界亟需清理和缩水，需要从压迫性的知识世界中抽身而出。……我越来越觉得，所有社会科学尤其是政治学，其绝大多数研究成果，对于人类知识来说可能是一种多余，几乎都没有什么价值。……很多的社会科学成果对于人类社会来说更多的是负担，是多余，是一厢情愿的想象，是自我意淫的技巧，而不是揭示真理和能够擦亮人之生命的知识资源。如果是出于兴趣和爱好研究社会科学倒也无妨。如果以为自己的文字可以揭示真理、支配历史，那就是贻笑大方了。政治学的书读得越多，我对这个专业的怀疑、厌恶和绝望也就愈加强烈。我在这个领域读了 30 多年，总的感觉是：越读越迷茫，越读越空虚，越读越无知，越读越无趣。我曾经跟我的导师曹沛霖先生说过：这辈子最后悔的事就是跟着您学了政治学！他老人家专门给我写了一封信，还是手写的，中心意思就是三个字：莫后悔。现在我把这封信放在书房一个很珍贵的地方，时不时地拿出来看一下。说实话，后悔已经来不及了！人生不能走回头路。怎么办呢？我现在研究都城政治学，就是想把政治学安放在一个真实的空间中，让政治学更具体、更有趣。2024 年我在复旦大学国务学院给研究生开了一门课——“中国式现代化研究”，就是想让自己的研究去关注那些真实的、重要的问题，而不是像猎手似的挖空心思去搜寻自变量，把学术变成自我意淫和自我陶醉的幻象。其实我这样做的想法很简单，就是不想让自己有限的生命在这个让人绝望的虚假的知识世界之中消耗殆尽。

四、成见种种

成见的产生，有许多原因。有思维误区的成见。寓言《刻舟求剑》说的就是这个道理。那人在剑落水的船边作记号，他想的是：剑在作记号的水中。而船走了。他的想法就是一个不变的成见。

有利益的成见。大概三十年前，社会上还有顶工一说，即公有制企业的职工可以提前退休，将自己的编制让给没有工作的子女。其实这是世袭制的残余。后来这项政策取消了。这本来是社会的进步。然而有人却因为想顶工却没法顶工就说："现在也不让顶工了，这叫什么社会啊！"因为在他的头脑中，顶工是好事。其实，这是成见，出于自身利益的成见。这样的成见也叫作偏见。

有历史的成见。电视剧《大江大河》中，宋运辉高考成绩全县第一名，但由于家庭出身不好，乡政府不给向上报送政审材料。宋运辉找到乡政府。雷干部说："社会主义的大学，哪是给你们这种人上的？"这是历史的成见。倔强的宋运辉就在政府院子里背有关"重在表现"的《人民日报》社论。这等于是以一种新的思想批驳成见。宋运辉成功了，上了大学，成了国家化工业的领军人才。《人民日报》社论突破了历史的成见，也创造了新的历史。

有社会的成见。印度电影《大篷车》里面有一句话："贼的儿子还是贼。"这是社会的成见。"文革"时期有一副著名的对联："老子英雄儿革命，老子反动儿浑蛋。"这也是社会的成见。更准确地说，这是社会阶层的成见，是"红二代"的成见。

有文化的成见。历史上《田忌赛马》的故事，一直作为智慧来传说，而这是一种文化的成见。其实是孙膑破坏了规则。不重视规则，这是我们历史文化中根深蒂固的毒瘤。

有思维主体眼界局限的成见。电视剧《人生之路》中，高双星问同学为什么借这么多书，那位同学说，看了书可以知道樊老师是不是讲错了。高双星说："你认为樊老师上课会有谬误？"高双星的头脑中有一个成见，老师上课不会讲错，没有谬误。

有价值观的成见。运动会上，一位学生因为感冒不想跑百米。班主任知道这位同学百米每次都是冠军。于是坚持让学生跑。她说："你克服困难为集体争光吧，还是集体荣誉重要。”在这位班主任看来，她的班集体的荣誉是最重要的。为了这集体荣誉，可以不顾学生的健康。这是价值观的成见。而教师评价体制正在强化这种成见。殊不知先进的、科学的、正确的教育观念认为，每个学生的健康，比班集体的荣誉重要得多。

成见经常以隐含前提的形式存在。例如，甲说：“我们局长得了乳腺癌，正在休假。”乙说：“原来你们的局长是女的？”显然，乙的思维中有“女性才可能患乳腺癌”的成见。认知的进步必须突破成见。批判性思维的意义，也在于引导我们突破成见。

五、文学作品中看成见

下面是雨果《悲惨世界》的片段。①

雪后的一天晚上，一个那种公子哥儿，一个那种无所事事的人，一个戴着莫里洛帽，因而“思想正统的人”，身上暖暖地穿着一件冷天用来补充时装的大衣，他正在调戏一个女人，那女人穿着舞裙，上身开领很低，头上插着花，在坐满军官的咖啡馆玻璃窗前走来走去。那公子哥儿吸着烟，不用说，那很时髦。

那女人每次从他面前经过，他就喷她一口烟，同时甩一句自以为诙谐有趣的风凉话，诸如：“你可真丑啊！”“你还不快躲起来！”“你没牙啦！”如此等等，不一而足。那个先生叫巴马塔林。那个愁眉苦脸、打扮得妖里妖气的女人，在雪地上走来走去，并不搭理他，连瞧都不瞧一眼，照样默默地徜徉；她的脚步均匀而沉郁，每隔五分钟就受一次嘲弄，如同受罚的士兵按时来受鞭笞一样。那个闲得无聊的人见他的嘲笑没什么效果，不免恼火，就趁她转过身去的工夫，憋住笑，蹑手蹑脚地跟上去，弯腰从地上抓起一把雪，猛地从她赤裸的肩膀中间塞进后背里。那妓女吼叫一声，转过身来，像豹子似的一蹿，扑到那男人身上，用指甲抓破他的脸，同时臭骂他，骂的话十分下流，不

① [法]雨果. 李玉民译. 悲惨世界[M]. 北京：中央编译出版社，2010：182－186.

堪入耳，从她口里倾泻出来，嗓音因酒精中毒而嘶哑。而口里又缺两颗门牙，的确非常丑陋。她便是芳汀。

那些军官听见打斗的喧闹声，都蜂拥着从咖啡馆里出来，行人也聚拢来，他们围了一大圈儿，又笑又叫，还为之鼓掌；而圈里那两个人扭作一团，很难看清是男女相斗。那男人只有招架之功，帽子掉在地上；那女的拳打脚踢，帽子也丢了，只见她豁牙露齿，又没有头发，脸色气得发青，扯着嗓子喊叫，真是可怕极了。

突然，一条大汉从人群里冲进去，一把揪住那女人沾满泥水的缎衫，对她说了一声："跟我走！"

那女人抬头一看，她那咆哮声戛然止息，眼睛也没神了，脸色由铁青转为死灰，而且吓得魂不附体。她认出是沙威。

那个公子哥儿乘机溜掉了。

沙威分开围观的人，拖着那个不幸的女人，大步走向广场另一边的警察局。那女人机械地迈动脚步，任他给拉走。他们二人谁也没有讲一句话。一大群观众欣喜若狂，闹哄哄地跟在后面。极端不幸的事件，却是大讲猥亵的话的机会。

警察局办公室是楼下一间大厅，生有炉火，临街安了铁条的玻璃门口有警卫站岗。沙威带芳汀来到，推门进去，随手把门关上；那些好奇的人大失所望，但仍旧簇拥在门口，踮起脚伸长脖子张望，想透过发污的门玻璃看个究竟。好奇就是贪吃，观看就是吞食。

芳汀一进来，便走到角落里，颓然缩成一团，一动不动，一声不吭，如同一条害怕的狗。

一名士官拿来一支点燃的蜡烛，放到办公桌上，沙威坐下，从衣袋里掏出一张公文纸，开始写起来。

这类女人由法律完全交给警察处置了。警察可以为所欲为，任意惩罚她们，剥夺她们所谓的职业和自由这两样可悲的东西。沙威神态冷漠，严肃的面孔毫不动容。然而，他在殚精竭虑，此刻他要自由地运用生杀予夺的可怕权力，态度十分认真而缜密，他感到警察的板凳就是公堂。他审判，并且判罪。他围绕着自己所办的大事，尽量调动起他的神思，他越审查这个妓女的所为，就越感到气愤。他刚才目睹的情景，显然是犯罪。刚才在大街上，他看到一个有产者选民所代表的社会，受到一个最下贱的人的侮辱和攻击。一名娼妓居然冒犯一位资产者。他，沙威，亲眼目睹这件事。他一声不响，只管笔录。

他写完了签上名，将纸折起来，交给值勤的士官，对他说道："带三个人，将这个婊子押进牢里。"他转身又对芳汀说："你要关上六个月。"

……

几名警察扭住芳汀的胳膊。

几分钟之前进来一个人，谁也没有注意。他关上门，靠在上面，听见了芳汀苦苦的哀告。

警察上前扭住这个不肯起来的不幸女人。这时，他跨了一步，从暗地走出来，说了一声："请等一下！"

沙威抬头一看，认出是马德兰先生，他脱下帽子，不自然而又有点恼怒地向他敬礼："对不起，市长先生……"

这一声"市长先生"，在芳汀身上产生奇异的效果。她就像从地下钻出的僵尸，忽地站起来，两臂推开警察，未待他们阻拦，就径直走向马德兰先生，眼睛直愣愣地瞪着他，喊道：

"哼！市长先生，原来就是你呀！"

接着，她放声大笑，朝他脸啐了一口。

马德兰先生揩了揩脸，又说道："沙威探长，把这个女人放了。"

在这里，我们看到了警察沙威的成见。明明是公子哥儿巴马塔林调戏芳汀，把冰冷的雪团塞进芳汀的衣领，引起了芳汀的反抗。而沙威却不问青红皂白抓了芳汀。他眼中只有"一个有财产有选民资格所代表的社会，受到一个最下贱的人的侮辱和攻击"。因为他认为："一名娼妓居然冒犯一位资产者。"

六、史学研究中看成见

下面是北京大学罗新教授的文章《我理解这些骂人的，因为你说的历史和他们知道的历史不一样》(有删节)：

我几年前在普林斯顿高等研究院访问一年，那里有一位著名的理论物理学家弗里曼·戴森，90多岁了还每天到办公室上班，经常写文章、演讲。他写的很多文章是适合专业之外的人读的。后来我看到他有一本书叫作*The Scientist as Rebel*，就是《作为反叛者的科学家》，书名很有意思。我想我们应该也有一本书叫作*The Historian as Rebel*，《作为反叛者的历史学家》。这涉及历史学是干什么的，我们为什么做历史，我们做历史是为了谁。……我们身边的情形是，人们时时刻刻都在使用历史，但其实绝大部分都是滥用和错用——即便历史学家自己也不免于滥用和错用。在我的领域也是如此。我是做魏晋南北朝史、北方民族史的，很多大家常常提到的东西都是经不起追问的。比如有一个常见的说法，说魏晋南北朝时期江南的开发，这当然是中国历史上一个极为重要的事件，因为从此以后南方人口、经济的占比大大增加，整个历史都改变了。说起原因，中学教科书里有一句简单的话，而且大学里也有很多老师这样讲，说是因为北方战乱，大量北方农民到了南方，带来了北方先进的农业生产技术，所以南方就得到了大开发。我做学生的时候，很容易就接受了这个说法，等当了教师自己在课堂上可能也讲过。其实这个说法经不起追问：先进的北方生产技术是指什么呢？是作物品种，是生产工具，是种植技术，还是劳动者的组织方式？当时北方旱作农业比南方稻作农业的技术更先进吗？那么旱作农业的种种技术能够直接移植到稻作农业去吗？换个思路，首先要问的是，那时的南方劳动者是从哪里来的？都是北方逃难南下的流民吗？难道不是以土著为主吗？土著是些什么人呢？除了原有的在郡县体制下的国家编户，大量不说汉语、不服属国家管理的山区土著人群，所谓蛮人、山越，是如何进入国家体制的？今日所谓南方人，他们的祖先难道都是北方移民吗？当然不都是，或主要不是。更多的是南方土著人民，不是北方移民，而是被北方来的统治者成功改造过的，从蛮人、越人改造成了国家体制下的新型劳动者，他们转变了文化和政治认同，成了说汉语、服属王朝的华夏臣民，也就是我们今天汉人的祖先的一部分。由此完成了一个深刻的历史过程，华南变成了华夏、也就是后来汉人的家园。然而这一转变不是那么简单流畅，那么理所当然的，不是一首浪漫曲，不是英雄史诗，其中充满了征服、反抗、血泪和压迫，充满了人类历史上许多近似情形下已为我们所知的那种人群对人群、体制对个体、强力对弱者所制造的痛苦。在我们熟悉的历史叙述中，这些痛苦早已被掩盖、被遗忘、被转化，成了一曲充满浪漫气息的、值得后人讴歌的英雄主义江南开发史。历史叙述多半如此。

那么历史学家做什么呢？历史学家去重新考察这些东西，作为一个rebel，作为反叛者、起义者、异议者，去质疑那些被广泛接受的说法，重新质疑、一再质疑。在座各位不只有做历史的，还有各个学科的朋友，我想 rebel 这个定位对大家都适合，各个学科都差不多，要做的都是重新质疑已有的说法，……正好最近我在想另外一个话题，就是历史学对历史的责任问题。历史学家参与了历史的内在发展，或至少是做了很多推波助澜的事。举一个简单的例子，大家都熟悉的，就是纳粹德国的历史。德国的极端民族主义、反犹主义，是哪里来的？其中作为基础的民族主义历史观，不能不说是 17、18 世纪以来德国历史学家的制造品，他们宣讲的民族史，特别是日耳曼民族史观，就是德奥历史学家的重要成绩。对日耳曼民族主义的一路上扬，这些历史学家做了大量不只是推波助澜的工作，甚至可以说他们就是主要的责任人。后来纳粹精神的很大一部分营养即来自这里。看看我们今天，今天中国的民族主义发展状况，大家各有自己的体察。我们做北方民族史的，无论说点什么都会有人来骂，比如，大家肯定知道这几年大批网络爱国者对姚大力先生的围攻谩骂。其实我理解这些骂人的人，他们骂是因为你说的历史和他们知道的历史不一样，而他们相信自己知道的历史才是真实的历史，你说的历史是错误的。那么他们的历史自信是从哪儿来的？其实也源自几十年甚至更长时间以来历史学自己发展出来的教条、观念或常识，不是突然出现的，不是这几年才有的。当我们反感、反对乃至痛恨此刻正在发生着的历史时，不要忘记这个时代是慢慢形成的，不是一两天突然冒出来的。纳粹德国不是希特勒凭一己之力突然制造出来的。希特勒式的领导人也是被历史制造的，历史知识恰恰是制造他们的原料之一。历史学和其他一切学科大概都是一样的，都是要对各自时代的历史负责任的。这个责任我们过去检讨得不够，我们太喜欢把自己当作受害人，把责任推出去。1945 年之后，西方学界对纳粹时期的历史学、考古学，有很多批判、反思。其实还应该追到更深更远的地方，因为 20 世纪的学者又是继承他们前几代的学者而来的。历史学家做什么，为谁做？所谓探究真理、探究真相，该探究什么，为谁、为什么探究？这些都是应该反思的。没有哪一个学科、哪一个人能宣称自己真正掌握了真理，这是到了今天我们应该完全明白的事情。但是做什么、不做什么，做到哪个程度，这确实需要我们反思学术史上、历史上的教训。李礼让我在签到板上写句话，我就写了句"有所不为"。今天我们必须知道可以做什么，不可以做什么。不可以做的，坚决不做。有所不为是一条原则。

从罗新教授的文章，我们可以看到文化的成见有多么深刻。

七、幽默对话看成见

下面是一位记者与一位教师的对话。教师幽默的话语揭示了人们对教师职业的某些成见。

记者：有人说"没有教不好的学生，只有不会教的老师"，你对此的理解是？

老师：干脆你去当公安部长或国务院总理算了。按照这句话推论不是也可以说："没有破不了的案件，只有干不好的警察"；"没有管不了国家，只有干不好的总理"，"没有治不好的病，只有不会治的医生。"

记者：考核教师要求学生优秀率保持多少或者年年增长，你怎么看？

老师：别来这一套，孔子三千弟子才七十二贤人，他的优秀率才 2.4%。

记者：有的家长抱怨老师没有把我们的小孩子教育好？

老师：我领的不是超人的工资。你们父母能打、能骂，教一个小孩都搞不定，还敢指望我们几个人教育好一个班级五六十号小孩？

记者：老师不要抱怨了，你们毕竟还有这么长的假期？

老师:这要从两个方面来回答:一方面,你要感谢假期,不然你的孩子可能是文盲,因为没有假期也就没几个人当老师了。另一方面,如果没有放假,你孩子愿意吗?小孩 12 年没有放假连续上课,你答应吗?

记者:有人说老师一周才上几节课,比我们每天上 8 小时舒服多了?

老师:你知道上课要备课吗?下课要改作业吗?两个班一百多个学生的作业的批改多久吗?你知道早自习、晚自习吗?做操不管行吗?吃饭不管行吗?纪律卫生的你不管?

记者:老师平常上课很轻松吧?

老师:上纪律好的班级就像是演讲,平均每天两节课,就是演讲一个半小时;上纪律差的班级就像在跟人吵架,每天吵一个半小时,你试过吗?

记者:老师工作不错了,钱也不少吧?

老师:见过老师考公务员的,你见过公务员考教师的吗?

八、请把枪口抬高一厘米

下面的故事告诉我们,有时执行命令也是一种成见。即使是一名军人,也需要突破成见。因为有比命令层次更高的价值坐标。

1992 年 2 月,柏林墙倒塌两年后,当年守墙士兵因格·亨里奇被告上法庭,受到了法律的审判。

柏林墙是二战后,德国分裂的重要标志。几十年来,柏林墙一直阴森森地横亘在东西德分裂线上,两边都有士兵严密守卫着。1989 年 2 月的一天傍晚,天空下着淅淅沥沥的小雨,大地笼罩在朦胧之中。东德士兵亨里奇正警惕地守卫在柏林墙边。因为常有东德人翻越柏林墙到西德去。

突然他发现,有一个人乘着雨雾攀爬到柏林墙上,企图逃到西德去。亨里奇毫不犹豫地举起冲锋枪,瞄准那个人勾动了扳机。22 岁的东德青年克里斯·格夫洛伊被击毙。事后,亨里奇还受到上司的嘉奖,成了英雄。没想到,仅过了几个月。1989 年底,柏林墙被推翻,东西德终于回归统一。

当年士兵亨里奇射杀翻越柏林墙的东德青年格夫洛伊事件,遭到格夫洛伊家人的起诉,要求追究亨里奇的法律责任。在法庭上,亨里奇的辩护律师称,亨里奇作为一名守墙士兵,他是在执行命令,作为一名军人,执行命令是天职,他别无选择。如果要说是有罪,那罪也不在已。听了辩护律师的辩护,法庭上的人们从心理上似乎默认了亨里奇是无罪的。

这时,法官西奥多·赛德尔面色严峻,他义正词严地反驳道,作为军人,不执行上级命令是有罪的,这一点无可置疑。可是,大家不要忽视这样一个细节:作为一名军人,打不准是无罪的。作为一个心智健全的人,当你发现有人翻墙越境时,此时此刻,你在举枪瞄准射击时,你有把枪口抬高一厘米的权利,因为这是你应主动承担的良心义务!赛德尔饱含深情地接着说道,在这个世界上,除法律之外还有“良知”。当法律和良知冲突之时,良知是最高的行为准则,而不是法律。尊重生命,是一个放之四海而皆准的原则。

法官赛德尔洪亮的声音,在庄严的法庭上回响,这声音像一枚重磅炸弹敲打在人们的心头上,给人以深深的心灵震撼。旁听席上,许多人的眼睛里闪烁着晶莹的泪花,有的人相拥而泣。士兵亨里奇听到这儿,眼睛里顿时噙满了泪水,胸口在剧烈地起伏着。看得出,他的内心一定经历着烈焰般地煎熬。他将目光投向格夫洛伊的家人,真诚地说了句:对不起,我错了。说罢,惭愧地低下了头,再也无力抬起头。最终,法庭以士兵亨里奇因蓄意射杀格夫洛伊被判三年半徒刑。

九、不可迷信人工智能

随着人工智能的发展,对人工智能的迷信或依赖正在成为一种新的成见。下面的例子告诉我们,切不可迷信人工智能。请看谢晓庆教授的文章。

日前,我在一篇文章中读到毛泽东同志的一句话:“人类的历史,就是一个不断地从必然王国向自由王国发展的历史。”我以前曾经查找过这句话的出处,但是忘记了。于是,我求助于 DeepSeek(以下简称 DS)。DS 一本正经地讲述了大约一千字的“深度思考”和解题思路后,告诉我,这句话出自《实践论》。我没有轻信 DS,到《实践论》中搜了一下,没有。于是,我问 DS:

“在《实践论》的哪一部分?”DS信誓旦旦地回答:“第一部分。”我:你的回答不对,《实践论》中没有这句话。

DS立即道歉,感谢我指出错误。之后,又不拉不拉进行了一番“深度思考”,之后,一本正经地告诉我:这句话出自《关于正确处理人民内部矛盾的问题》。我:“在《关于正确处理人民内部矛盾的问题》的哪一部分?”DS信誓旦旦地回答:第一部分。我费劲地搜索一阵后,仍未找到……总之,DS没有找到。

我又试了一下“文心一言”,表现与DS半斤八两。也是一通一本正经的胡说八道。给出的第一答案是《关于正确处理人民内部矛盾的问题》,第二答案是1957年1月27日《在省市自治区党委书记会议上的讲话》,第三答案是1962年1月30日《在扩大的中央工作会议上的讲话》……又引得我东奔西跑地忙活一阵。

第三节 批判性思维的决策意义

一、纷繁复杂的世界和莫衷一是的意见

哲学家邓晓芒说:“我们面对的是一个沉寂、空虚、断裂、散乱的后现代状况。”面对纷繁复杂的世界。批判性思维的认知意义显得尤为重要。美国鲍灵格林大学的M.尼尔·布朗·斯图尔特教授和M.基利教授的一段话很能说明这一点:“我们正遭遇到信息的狂轰滥炸。每时每刻,我们都会见到前所未见的事情,听到前所未闻的观点。在课本和报刊里,作者们费尽心机,为的是让我们接受他们的主张。这位社会学家告诉你,电视上的暴力镜头对年轻人有害无益;另一位却对你说,来点暴力镜头无伤大雅。这位经济学家宣称,抑制通货膨胀要靠减免税收;另一位却争辩说,要靠提高利率。这位教育家坚持取消‘虚饰课程’,诸如外语和体育之类;另一位却主张,同是这些课程,乃是必须大大增加的‘必修课’。不论哪类知识,都是疑云迭起,对此,甚至这一领域的专家也是莫衷一是。读起书来,恐怕最为头疼的事情便是确定哪位权威才值得信赖。你读的是护理杂志也好,甚至体育专栏也好,这个问题都赫然出现在你面前——你必须确定自

己接受什么观点，拒斥什么观点，对什么观点则不置可否。”现实生活也许更为复杂。有人说喝咖啡有害，有人说，常喝咖啡对健康有益。补牙一定要做根管治疗吗？一位朋友看牙，七位医生都要求做根管治疗，而第八位医生却告诉他可以不做根管治疗。结果未做根管治疗的牙齿多年安然无恙。究竟是该存款还是该投资？股市是涨还是跌？房价是涨还是跌？电动车该不该限速？究竟什么年龄退休最好？面对纷繁复杂的世界和莫衷一是的意见，决策显得愈益困难，也愈益重要。

二、没有人能够替我们决策

然而，许多人发现，生活中没有人能够替我们决策。小时候，有家长或老师替我们决策。高考志愿的填写可能是一个分水岭。随着年龄的增长，别人替我们决策的事情会变得越来越少。似乎总有一天，生活中的所有事情都需要你自己拿主意。决策需要两个条件，一是决策能力，一是相关信息。比我们自己决策能力强的人很多，但决策所需要的相关信息只有你本人了解最多，掌握最多。只有你本人才能全方位地掌握相关信息。这些信息几乎不可能全告诉你希望替你决策的人。甚至有时候你不愿意把自己的信息或隐私告诉别人。有些情况，需要你决策的时间很短，需要你当机立断。这就更无法由别人替我们决策。有人甚至会突发奇想：生活中的决策或许比政治家、军事家的决策还麻烦。政治家有谋士，军事家有军师。刘备三顾茅庐请诸葛亮出山，就是要请一位军师帮他决策。蒋介石用“文胆”陈布雷，每事均有上中下三策。而生活中谁来替我们出主意？所以，决策问题只有靠我提高决策能力。而批判性思维的意义就在于面对具体的情境，帮助我们分析各种相关因素，恰当地决定我们做什么和怎样做。

三、从《打赌》看决策

俄国作家契诃夫的小说《打赌》讲述了这样一个故事：

银行家与一位年轻律师打了一个赌：如果年轻的律师能够在一个小屋里独自待上十五年，不走出小屋，也不跟任何人说话，那么这位银行家就输给他两百万。年轻的律师接受了这一赌局。

第一年，小屋中的年轻律师拒绝了烟酒，每天弹奏钢琴，阅读各类书籍，从轻松读物到复杂情节的长篇小说，甚至涉及耸人听闻的短篇故事。第二年，他只索取古典作品，被监禁者的生活似乎变得更为平静。第五年，他不再读书，而是坐下来写东西，但写完又撕毁。第六年，他开始学习语言、哲学和历史。

到了第十年，他除了《福音书》之外不再阅读任何书籍，之后则转向神学书籍和宗教史。最后两年，他无选择地阅读，拜伦或莎士比亚的著作，还有化学书或医学手册，甚至撰写了几篇哲学神学论文。这一切，都是一个年轻律师自愿禁闭十年的真实写照，在生活中这是不可能的事情。

然而，在打赌到期的前一夜，律师翻窗逃走，放弃这笔赢了的赌注。银行家也反悔了。他不甘心输掉自己的两百万。于是决定刺杀那位年轻的律师。当他进入小屋时，看到了律师留在桌子上的一张纸条："神明在上，我可以问心无愧地告诉你，我轻视自由、生命和健康，以及你的书本里所赞美的世界上一切所谓美好的事物。……我将于规定时间的五小时前出去，从而违背契约，剥夺自己得到这笔钱的权利。"

这位年轻的律师，靠深刻的反思，作出了明智的决策，救了自己一条命。

四、应对生活的现实案例

2024 年 11 月 13 日，合肥海顿公馆的业委会向税务机关递交了一份信息公开申请，旨在探究人防设施和地下车位建设成本是否已被纳入房地产开发成本之中，即这些成本是否已融入房价之中。然而，税务机关的回复却是以土地增值税清算未完成为由搪塞。面对税务机关的敷衍，海顿业委会并未退缩，2025 年 1 月 9 日，他们毅然提起了行政复议。复议机关受理后，税务机关的态度终于有了转变。2025 年 1 月 20 日，税务机关主动与业委会联系，要求他们重新提交申请，并承诺将给予满意的答复。

业委会再次提交申请，要求税务局依法查明开发商在海顿公馆小区和大厦项目中，是否将地下车位、人防车位的建设成本列入房地产开发成本。即这些设施的建设成本是否已被计入房价。这次税务机关明确答复：公馆和大厦的地下车位、人防车位的工程建设成本,确实已被列入房价的开发成本之中。

这意味着,那些长期被开发商霸占的地下空间,终于回归了全体业主的怀抱。这一胜利,是业主们用坚持与智慧换来的。他们用行动证明,权利不是等来的,而是勇敢地争取来的。他们用精准的法律条文让公权力低下了头。这个案例,不仅是一次税务公开的胜利,更是对开发商的一次有力回击。它用行政复议打破了行政机关的推诿与敷衍。当第一个业主站出来时,就会有更多的业主站出来。最后百分之百的业主都将从这场胜利中受益。

五、批判性思维是最重要的生活技能

世界卫生组织对生活技能的定义是:生活技能是能使个体有效对付日常生活的需要与挑战的积极的行为能力。特别是帮助人们做出基于对情况了解的决策、解决问题、批判地思考和创造性地有效交流,与他人建立健康的关系和移情,以一种健康和有效的方式管理他们生活的心理能力和人际关系技能。生活技能的三大部分中第一部分就是批判性思维技能。

联合国教科文组织1990年对生活技能的定义是:人们为了生存发展其全部才能并改善他们的生活品质和必需的基本学习工具和基本学习内容。2000年的定义是:通过学会认知、学会做事、学会合作、学会生存所获得的知识、价值、态度、技能。其中主要的内容是批判性思维。

六、集体决策的意义

法庭断案也许更能显示决策与认知的接近。判决既是一个判断,又是一个决策。法庭断案的陪审团制度也许更能显示集体决策的意义。人的认知是可以改变的,是可以相互影响的。集体决策的意义就在于成员的认知相互影响,从而使决策更加审慎,更加恰当。由亨利·方达主演的电影《十二怒汉》(*12 Angry Men*)为人们展示了集体决策的审慎。一个在贫民窟长大的男孩被指控谋杀生父。人证物证似乎确凿无疑。陪审团12名成员有11名投了有罪票,有1名成员认为尚有疑点需要深入讨论,根据疑罪从无的原则投了无罪票。投票的结果是 11∶1。美国法律规定,必须 12 名成员意见一致才有效。因而需要重新讨论投票。讨论中新的疑点被发现。于是第 2 轮投票结果 10∶2。过程戏剧性发展:9∶3,8∶4,6∶6,3∶9,1∶11,0∶12。最终 12 名陪审员达成一致意见:无罪。审慎的决策挽救了小孩的生命,也彰显了司法的公正。

七、公共决策的语用原则

毕业于美国西点军校的美国工兵准将罗伯特,1876 年出版了《议事规则》。"罗伯特议事规则"被看成公共决策的语用原则,在世界上已经实行一百多年,被绝大多数文明国家、国家组织及企业、团体等广泛应用。

罗伯特议事规则有 12 条基本原则。

第 1 条,动议中心原则:会议讨论的内容应当是一系列明确的动议,它们必须是具体、明确、可操作的行动建议。先动议后讨论,无动议不讨论。

第 2 条,主持中立原则:会议主持人的基本职责是遵照规则来裁判并执行程序,尽可能不发表自己的意见,也不能对别人的发言表示倾向。

第 3 条,机会均等原则:任何人发言前须示意主持人,得到其允许后方可发言。先举手者优先,但尚未对当前动议发过言者,优先于已发过言者。同时,主持人应尽量让意见相反的双方轮流得到发言机会,以保持平衡。

第 4 条,立场明确原则:发言人应首先表明对当前待决动议的立场是赞成还是反对,然后说明理由。

第 5 条,发言完整原则:不能打断别人的发言。

第 6 条,面对主持原则:发言要面对主持人,参会者之间不得直接辩论。

第 7 条,限时限次原则:每人每次发言的时间有限制;每人对同一动议的发言次数也有限制。

第 8 条,一时一件原则:发言不得偏离当前待决的问题。只有在一个动议处理完毕后,才能引入或讨论另外一个动议。

第 9 条,遵守裁判原则:主持人应制止违反议事规则的行为,这类行为者应立即接受主持人的裁判。

第 10 条，文明表达原则：不得进行人身攻击、不得质疑他人动机、习惯或偏好，辩论应就事论事，以当前待决问题为限。

第 11 条，充分辩论原则：表决须在讨论充分展开之后方可进行。

第 12 条，多数裁决原则：动议的通过要求赞成方的票数严格多于反对方的票数。弃权者不计入有效票。

第四节　批判性思维的创新意义

一、了解旧事物的缺憾

批判和创新是一对孪生兄弟，创新往往建立在对既有思想或事物的批判的基础之上。批判是分析问题，创新是解决问题。只有清晰地了解旧事物的缺憾，才能产生创新的动力和方向。没有批判分析的创新是盲目的。比尔·盖茨说："你只有了解现有的东西才能发明超越他们的东西。"伽利略自由落体理论是创新，而这个创新是建立在对于旧有理论的质疑和反思基础之上的。爱因斯坦的相对论是 20 世纪最伟大的创新，然而这一创新同样离不开卓越的批判性思维素养。这位伟大的天才曾经说："我没有什么特别的才能，只不过喜欢寻根刨底地探究问题罢了。"其实，寻根刨底地探究问题所表现的正是批判性思维的精神气质。乔布斯对创新意识有一段精彩的论述：

> "能够将它们的体验连接起来并整合成一些新的东西。而他们拥有这种能力的原因可能是他们本身阅历更丰富，或者比其他人更深入地去总结了这些经验教训。不幸的是，这种人非常稀有。在我们这个行业中，很多人并没有丰富的阅历。所以他们并没有太多可连接的素材，于是他们只能得到一些非常线性的结果——而不是对这个问题更宽的研究。对经历的理解越有广度，越能做出好的设计。"

二、创意往往在深思熟虑之后

灵感往往是长期积累，偶然得之。创意往往是深思熟虑的结果，出现在深思熟虑之后。英国数学家怀尔斯为了证明费马大定理深思熟虑了八年时间。他说：

> “我习惯于在开始研究时总结一些模式……每天早晨我起床的第一件事情就是这件事，我会整天思考它。当我要睡觉时，我仍在思考它。不分散精力，在我脑海里不断重复同样的东西……当我碰到障碍，不知道下一步要做什么事，我就会去散步。散步具有很好的效果，它使你处于放松的状态，同时允许潜意识继续工作。”

大哲学家罗素对于深思熟虑与创意之间的关系也许说得更加清楚：

> “在对写作主题进行第一次沉思并对它们的前提进行严肃思考后，我需要一个潜意识休息阶段。这个阶段应该不急不躁，而且在深思熟虑后仍会碰到一些障碍……经过非常紧张的集中思考，问题会集中在潜意识中，之后再生根发芽，直到突然间灵光一现。这时只需要写下想法即可。”

三、思考事物的多种可能性

批判性思维对于创新的意义，还在于思考事物的多种可能性。批判性思维的核心——逻辑思维，就是研究可能世界的。用逻辑的方法，将变项排列组合，可以有很多的值。比如，曲别针至少有 100 种用法。爱迪生为了找到最适合做灯丝的材料，竟然测试了 6 000 多种不同类型的材料。作为一种具体的创新思维方法：斯坎伯尔法，有如下 7 个变项：S 替代、C（与其他东西）组合、A 适应、M 修改、E 删除、R 反转、P 移作他用。这些变项的取值组合可以呈现很多的可能性。下面是斯坎伯尔对一张桌子的有趣设计。

(1) 替代:用一些不常见的材料替代桌子的常规材料。

(2) 组合:桌面可以使用电脑触摸屏。

(3) 适应:可以用旧门改成桌子,可以用树桩作为桌腿。

(4) 修改:改造成有许多小桌腿的桌子。

(5) 删除:将没有腿的桌子吊到天花板上,或者附在墙上。

(6) 反转:改变人们使用桌子的方式,比如在桌面挖个洞,这样人们也可以坐到桌子里面。

(7) 移作他用:比如把两张桌子拼成一张床。

四、寻求最佳方案

批判性思维求优的功能可以寻求事物的最佳方案。在淘汰那些不理想的方案的同时,以最佳方案来解决问题。或者说从根本上把握事情最深刻的目标,从而使思维另辟蹊径,展现一个新天地。圆珠笔刚发明,就以书写流利和不污纸等优点受到人们青睐。然而不久,其缺点就暴露出来了:笔芯里的油墨刚用不多,笔尖就坏了,于是人们不得不把整个笔扔掉。欧美厂商下了很大功夫寻找耐磨的笔尖材料,可不是硬度不够,就是成本昂贵。正当欧美厂商一筹莫展之时,聪明的日本人却想到,问题的关键在于笔尖磨损与油墨消耗的一致性。既然找不到耐磨的笔尖,那就减少油墨。低成本带来的低价格使新型的圆珠笔迅速占领了市场。欧美厂商捶胸顿足,悔之已晚。

五、了解社会需求和社会条件

批判性思维可以用开阔的文化视野,充分了解当下的社会需求和社会条件,打开创新思路。了解的社会需求越充分,创新思路越开阔。当年的一孩化为高端的儿童用品带来了创新空间。老龄化社会的到来,为养老产品的创新提供了契机和极大的市场。另一个方面,社会条件了解越充分,创新的可能性就了解得越充分,创新思路就越开阔。网络的发达,带来了大量的电商。张小龙的微信便是把握了网络发达的创新契机。马云的支付宝便是把握了微信的新鲜条件的成功创新。人工智能的发展更是带来了无穷的创新空间。无人机、无人驾驶汽车、各种机器人的发明,日新月异。

六、熟悉各种思维方法

批判性思维的有一个优势是灵活运用各种不同的思维方法。演绎、归纳、类比,分析思维、综合思维,发散思维和聚合思维,不同的思维方法可以带来各自的创新思路。叩诊法的发明是类比思维的杰作。奥地利医生奥恩布鲁格的父亲是一位酒商。他经常看到他的父亲用敲击酒桶听回声的方法了解桶内酒的多少。于是想到,人的胸腔和腹腔也是一个密闭的容器。正常情况下和有病变时敲击胸腔或腹腔的回声是不同的。如果将这种声音放大,就可以了解体内的病变。于是叩诊法被发明了。物理科学中的测不准原理的提出,则是实验方法和实验结果的归纳。由此一个更深刻的思想也随之诞生:"观察和观察者必定对观察产生影响。"量子力学也由此得到了重要的发展。狄拉克的反粒子学说则是演绎思维的结晶。反粒子学说的发明不是因为发现了反粒子,而是因为狄拉克看到爱因斯坦的相关方程有一个负解。便想到方程的正解是正粒子,那么方程的负解就是反粒子。后来科学的发展发现了反粒子,证明了狄拉克反粒子学说的正确。日本东京创造性研究所的创始人山上定也先生就十分推崇以演绎为特征的逻辑思维在创造活动中的作用和价值。他明确提出:"创造来自演绎思考。"

五、批判性思维对于创新的护航作用

批判性思维对于创新不仅有导航的作用,更有护航的作用。批判性思维强调的是思维的合理性。不合规律的思维是不合理的,不可能带来真正意义上的创新。人们可能还记得爱迪生的故事:一位青年想到爱迪生的实验室工作,并对大发明家谈了自己的宏伟抱负——想发明一种万能溶液。爱迪生马上说:"请问你用什么东西盛着它呢?"显然,那位青年的设想中有着不可克服的逻辑矛盾。如果不是大发明家以敏锐的逻辑思想揭露这个矛盾,那位青年得白白浪费多少精力啊!甚至终其一生,留下的也只能是遗憾。

第四章

批判性思维教育

第一节　批判性思维是培养优秀公民的最好教育

批判性思维在教育中是一个解放的力量。

一、培养精神独立的人

教育的首要目标在于培养精神独立的人。有学生写论文《吃得苦中苦，方为人上人》。教授批语："苦中苦是不把自己当人，人上人是不把别人当人。"爱因斯坦说："学校的目标在于培养独立行动和独立思考的人。"陈独秀《敬告青年》说："我有心思，自崇所信；绝不任他人之越俎，亦不应主我而奴他人；盖自认为独立自主之人格以上，一切操行，一切权利，一切信仰，唯有听命各自固有之智能，断无盲从隶属他人之理。"陈寅恪先生倡导"自由之意志"和"独立之精神"。而这正是批判性思维的灵魂。批判性思维具有重要的人格意义。具有批判性思维品质的人，因其经常的质疑和反思而不会盲目地人云亦云，不会迷信权威。他们的价值选择更倾向求真，而不崇拜权力，他们有一种精神独立，而不喜欢人身依附。这是高尚的人格所必不可少的内涵。这样的人不会容忍指鹿为马，不会相信"句句是真理"。这样的人才能在暂时少数的情况下仍然坚持真理。联合国教科文组织曾邀请全球500多位教育家列出他们心目中最重要的教育目标，在他们列出的 16 项教育目标中，“批判性思维能力”居第二位。萨姆纳甚至说：“批判性能力教育是唯一真正称得上是培养好公民的教育。”正因为这样，在 20 世纪 40 年代批判性思维被用于标示美国教育改革的一个主题，70 年代，批判性思维成为美国教育改革的焦点，80 年代，批判性思维成为美国教育改革的核心概念。

美国学者贾尼丝·萨博列出了“智慧的学生”的十大特点：(1) 能够提出问题；(2) 表达有力的观点；(3) 能概括抽象的东西；(4) 能演绎推理；(5) 寻找课题；(6) 长于出击；(7) 运用知识；(8) 善于发明；(9) 长于猜想；(10) 善于反思。这些特点几乎都与批判性思维密切相关，或者说，这些特点正是批判性思维素养高的表现。让我们在生动的事例中看一看思想家的教育思想吧。罗素见到英国课本说打败拿破仑是英国人之力而德国课本说打败拿破仑是德国人之力，就主张让学生对照看这两种课本。有人担心会使学生无所适从。罗素说：“能够使学生不盲信，教育就成功了。”这种深刻的教育思想，已经成为发达国家教育界的共识和普遍的教育行为。清华经济管理学院原院长钱颖一谈到他的导师——2007 年经济学诺贝尔奖得主马斯金教授如何指导学生的学术论文时说，“你提出一个观点，有一个漏洞，他马上问：‘为什么？’10 分钟后，你只能作出回答，或者回去修改”。

二、培养适应社会进步的人

当今世界是一个全球化的时代，经济、文化、科学技术通融的时代。学生们必须准备好适应一个与他们的父辈生存于其中的世界极为不同的世界。批判性思维可以帮助学生建立开放的文化视野和处理信息、思考问题的更为生动的方法。要克服学生中存在的文化自恋主义。克服让其他国家向我们学习的狭隘的国家视角。“要借助批判性思维来辨别被过滤过的关于世界的信息，辨别在教科书或大众媒体按照国家意识形态处理过的信息，这样的过程也是绝对必需的。那些不能辨识公共媒体上的徒有其表的证据或弱论证的学生，那些看 CNN 就相信的学生，几乎没有机会从他们的自我热衷的囚笼中挣脱出来。”①

① 武宏志，张志敏，武晓蓓. 批判性思维初探[M]. 北京：中国社会科学出版社，2015：85.

三、培养坚守理性的人

这是一个文化进步的时代,又是一个文化退步的时代。这是一个浅阅读时代,一个娱乐文化时代。什么"春光灿烂猪八戒"、"欢天喜地七仙女",各种各样的"戏说"和无厘头故事充斥荧屏、网络。宣传进化论的赫胥黎的孙子——小赫胥黎一百年前在《奇妙的新世界》一书中所预言的娱乐时代正在成为现实:"人们只知道笑,却不再思考,并且不知道为什么不再思考。"①甚至,人们的笑也不是由衷的,而是"搞笑"。人们甚至懒得笑,君不见那么多的所谓情景剧,以画外的笑声来充当喜剧效果?人们也懒得鼓掌,许多演出不是以摇动塑料手掌来代替鼓掌吗?美国纽约大学波兹曼教授《娱乐至死》一书的封面是几个没有脑袋的人坐在电视机前,其寓意鲜明深刻。面对这样的浅阅读和娱乐文化,我们的教育不应当让我们的孩子们有一点儿深刻理性吗?要不,谁来思考人类的终极关怀,谁来主张社会的公平、正义?要不,人们还能不能清醒地生活?也就是说,在浅阅读时代和娱乐文化时代,我们需要批判性思维教育,培养我们的学生,成为一个坚守理性的人。在投喂时代做一个守脑如玉的人。

第二节　批判性思维教育任重道远

一、"孔融让梨"遭遇美国孩子

2014 年第 3 期《教师博览》刊登了《"孔融让梨"遭遇美国孩子》一文。在这篇文章中,我们看到了与我们的传统教育不一样的阅读和讨论。

老师:关于孔融让梨你们怎么看?

学生:爸爸的朋友为什么要给孔融家带梨?

---

① [英] A. 赫胥黎. 卢珮文译. 奇妙的新世界[M]. 北京:外文出版局《编译参考》编辑部,1980.

老师:作为礼物。

学生:既然是礼物一定要是好梨子,为什么还明显地有大有小?不能一般大吗?

老师:……

学生:既然梨子有大有小,爸爸为什么还要四岁的孔融去分,一旦分不公平怎么办?分出去的梨子难道再要回来?

老师:……

学生:为什么要分给每个人吃,不愿意吃不吃,谁愿意吃自己去拿不行吗?

老师:那样或许会不公平。

学生:但孔融这样分也不一定公平啊,所有的兄弟都根据孔融的喜好得到梨子,他们的选择机会被剥夺了,分到最大梨子的兄弟可能恰巧不喜欢吃梨呢。

老师:你说得对,这个故事的确基于每个人都喜欢吃梨的前提假设。

学生:孔融为什么对哥哥和弟弟实行前后矛盾、绝对相反的标准呢?他难道没有固定的做事原则吗?

老师:他是在表现谦让。

学生:他只能表现自己的谦让,给自己拿一个最小的好了,他为什么不给其他兄弟表现谦让的机会呢?

老师:那你怎么看孔融?

学生:我不喜欢孔融,他这么做对别人不公平,剥夺了其他兄弟选择和表现的机会。

学生:我觉得孔融不诚实。

老师:为什么?

学生:这件事情有点自相矛盾,孔融可能是不喜欢吃梨才给自己一个最小的,但不喜欢吃就直说,讨巧地编出一堆冠冕堂皇的理由是很虚伪的。反过来,要是他喜欢吃梨的话却把大的都给了别人也是口是心非,喜欢什么该勇于承认才对。

学生:我也不喜欢孔融的爸爸。

老师：为什么？

学生：他不负责任，让没有行为能力的四岁孔融分梨，而且他也没有是非观念，孔融分梨的行为很主观武断却得到了父亲的赞扬。

老师：……

学生：这个故事不好，鼓励主观武断，剥夺了民主，这种扭曲自己的欲望去赢得赞扬的做法是一种不健康的心理行为。

老师：要是你是孔融会怎么样做呢？

学生：把梨放在桌子上，谁吃谁拿好了。

如果抛开中西方在道德教育目标、文化价值观等层面的差异，我们看到，西方教育更注重培养孩子批判性思维的意识、习惯和能力。他们自觉地质疑孔融的行为与思考问题的出发点和原则，质疑孔融父亲的行为，甚至质疑故事本身的合理性，质疑故事作者的立意及其价值偏好。

其中“孔融为什么对哥哥和弟弟实行前后矛盾、截然相反的标准呢？他难道没有固定的做事原则吗？”的问题，是对孔融行为及其背后思考问题的原则的质疑。学生还原了孔融思维过程中的两个推理，并由此发现了大前提的自相矛盾。孔融的第一个推理是：“年纪小应当拿小梨，我比哥哥年纪小，所以我应当拿小梨。”第二个推理是：“年纪大应当拿小梨，我比弟弟年纪大，所以我应当拿小梨。”两个推理的大前提是自相矛盾的。

其中“但孔融这样分也不一定公平啊，所有的兄弟都得根据孔融的喜好得到梨子，他们的选择机会被剥夺了，分到最大梨子的兄弟可能恰巧不喜欢吃梨呢？”和“他为什么不给其他兄弟表现谦让的机会呢？”的问题，是从孔融的行为客观上可能给兄弟带来伤害，质疑孔融行为的合理性。而“孔融可能是不喜欢吃梨才给自己一个最小的，但不喜欢吃就直说，讨巧地编出一堆冠冕堂皇的理由是很虚伪的。反过来，要是他喜欢吃梨的话却把大的都给了别人也是口是心非，喜欢什么该勇于承认才对”的表达，更是在对孔融那样分梨的出发点作深刻的道德评判。

其中“既然梨子有大有小，爸爸为什么还要四岁的孔融去分，一旦分不公平怎么办？分出去的梨子难道再要回来？”的问题，是在质疑孔融父亲的行为。

其中“为什么要分给每个人吃，不愿意吃不吃，谁愿意吃自己去拿不行吗？”

的问题是对隐含前提的质疑。孔融那样分梨有两个隐含前提:“每一个家庭成员都爱吃梨”和“梨是稀缺资源”。但这两个前提不一定成立。

第二问“既然是礼物一定要是好梨子,为什么还明显地有大有小,不能一般大吗?”是质疑故事本身的合理性。其中“这个故事不好,鼓励主观武断,剥夺了民主,这种扭曲自己的欲望去赢得赞扬的做法是一种不健康的心理行为”的批评,是在质疑故事作者的立意及其背后的价值偏好。

二、对比性实验

青岛大学哲学系的老师作了对比性研究。下面是曲阜一所小学五年级师生的讨论。

老师:同学们,你们听完孔融让梨的故事,有什么感想?

生1:孔融很大方,处处为别人着想。自己虽然很小,却把大的留给哥哥和弟弟,我们也要学会大方,让着比自己小的伙伴和同学。

生2:孔融顾着别人,品质好,不自私,不论大小都懂得忍让。

生3:孔融不因为一点小事而斤斤计较,这告诉我们不能以大欺小,对于比我们小的要学会谦让和帮助。

生4:孔融很谦让,不怎么自私。

生5:我们要学会无私奉献。

生6:我觉得孔融很善良,我们应该向他学习。

湖北一所中学师生的讨论。

老师:听过孔融让梨的故事吗?

学生:听过。

老师:请大家说说自己对这个故事的看法。

生1:孔融很谦让,他把大梨子让给了哥哥。

生2:孔融是个很为别人着想的人,他知道自己小,吃不了大梨,而哥哥们吃小梨会吃不够，所以他把大梨给哥哥，小梨留给自己。

生 3：孔融是个懂事的孩子，他不愿意和哥哥抢大梨。

老师：大家的看法基本一致，我希望大家能说出不同的看法来。

生 4：孔融是个乖巧的孩子，他知道哥哥喜欢大梨，就让给他了，自己拿小梨，免得爸爸妈妈生气。

老师：如果是你，你会选择小梨吗？

生 4：不会，我一定会去抢大梨的。

老师：谢谢你说出了自己真实的心声。大家能不能换个角度思考这个故事，孔融会不会因为自己喜欢小梨，才把大梨让给哥哥的。

生 5：不会。

老师：为什么呢？

生 5：因为他就是一个懂事的孩子，他让梨就是为哥哥着想。

老师：所以呀，这个故事告诉我们，与人相处，要懂得谦让。

青岛大学哲学系大三学生的讨论。

生 1：孔融有大智慧，得到不止一个梨，更有赞誉。

生 2：小梨应该孔融拿，小孩不应争大梨。

生 3：孔融谦让有礼貌，有希望被表扬的心理。

生 4：受父母影响，懂得礼数。

生 5：帮助别人，快乐自己，舍即是得。

生 6：小孩四岁能做到，与家庭教育有关，当时社会民风也淳朴。

生 7：本故事未涉及目的性，四岁小孩可能出于本能这样做。

生 8：教育就是使孩子反复做，最后形成习惯。

生 9：如果孔融出于功利心，如何教育？中国认为不让是要批评的，西方认为让虽好，不让也不应该被批评。

生 10：孔融欲擒故纵，明明想要，却又不要。

生 11：单纯模仿，孔家家庭礼教好。

生 12：受中国传统礼教影响，长幼有序。

三、问题与启示

对比实验显示，学生在批判性思维方面差距很大。

先看小学生：从话语方式上看，他们用的全是陈述句，没有疑问句，这说明他们没有质疑的习惯和意识。再从陈述的内容看，他们都是在赞扬孔融，这说明他们自觉不自觉地与作者和文本的立场观点保持一致，说明他们没有反思的意识和习惯。6 名学生有 4 名学生表达了向孔融学习的态度，这说明向文本中的人物学习已经成为他们在文本阅读时的思维定式和用套话表达的习惯。令人稍许宽慰的是，多数学生能够用“大方”“谦让”等比较切近的词语来表达对孔融行为的抽象理解。而有一名学生“无私奉献”的表达则是完全不着边际，可见思维的惰性和套话的表达到了多么严重的程度。如果对尚可宽慰的“大方”“谦让”等表达作深入探究的话，我们会发现，它们的价值坐标还是狭窄了，还不能从公平、诚实、自由等高层次的价值坐标来思考问题。

再看中学生：从话语方式上看，他们同样没有疑问句，没有质疑的意识和习惯。从表达内容来看，他们同样是在赞扬孔融，同样自觉不自觉地与作者的意图保持一致，同样没有反思的习惯和意识。有一名学生在老师的启发下，说孔融的出发点是“免得让爸爸妈妈生气”，说孔融乖巧，这表明他能够从另外的价值坐标思考问题，这是可喜的。但他们同样不能从公平、诚实、自由等高层次的价值坐标来思考问题。有一名学生当教师问他“如果是你，你会选择小梨吗?”时说：“不会，我一定会去抢大梨的。”如果我们作深入的分析，可以发现两种不同的可能。其一，这是他的真心话。说真心话固然可喜，但其实用主义的、自私的价值取向和“抢”字所蕴含的野蛮却令人担忧，这与小学生的讨论相比较，是道德的倒退或堕落。其二，这不一定是他的真心话。他可能是故意在与其他同学作不同的表达而讨老师的欢心。真实的情形无论是哪种，都说明了这名学生价值取向的低下。何况为讨老师欢心而宁可违心地说“我一定会去抢大梨的”，同样表明了不以自私为耻的道德水准。

大学生的话语方式同样没有疑问句式。十二名学生中，三名学生有质疑反思。但缺乏论证性。其他学生盲目地站在作者的立场上，没有质疑和反思。更糟糕的是，两名学生隐含的价值前提是自私的。这一点还不如中小学生，是道德的退化。一名学生思维混乱："舍即是得"。评价坐标狭窄。既没有思维形式上的质疑，也没有公平、民主等价值坐标。

总之，学生们普遍缺乏批判性思维的意识，没有养成质疑和反思的习惯。

浙江师范大学潘涌教授以另一种方式的研究，得到了跟以上情况一致的结论。他的《"创造性文化基因"的缺失与培育》一文，对美国大学在华招生考试的情况作了深度透视。他指出："中国学生最大的缺陷是在'比较和评价论点'题型中，正确率仅为23.30%。"文章说："以独立评论为核心的'批判性阅读'显然成了中国学生的'阅读瓶颈'。"

看来，批判性思维教育任重道远。

第三节　学科教学的渗透是批判性思维教育的主要方式

一、学科渗透的优势

课堂教学是教育的主渠道，批判性思维教育同样如此。我们可以开设专门的批判性思维课程。但将批判性思维渗透融合到具体的学科教学中去，在日常的课堂教学中培养学生的批判性思维，更是批判性思维教育不可或缺而行之有效的途径。批判性思维教育可以遍及每一个学科。

将批判性思维渗透到具体的学科中，批判性思维既是目的，又是手段。目的是说，通过学科教学培养学生的批判性思维。手段是说，批判性思维本身就是一种教学思想，教学策略，教学方法。通过引导学生的批判性思维，可以使学生将这个学科学得更好。如果不能促进本学科的教学，批判性思维教育就成了一种负担。教师就不可能有批判性思维教育的自觉。课堂教学中，鼓励学生提问质疑，鼓励他们发表自己的意见。有时精心创设问题情境组织学生讨论，使他们在不同的意见中相互启发，从而培养学生全面思考问题的习惯和能力。有时教师故意示错，或有意留下漏洞让学生去发现；或适当布置一些改错题。这样学生在学习过程中就会有意识地注意是不是教师有错误存在，会主动去探索、去发现、去解决。这样，学生会对这个学科学得更好。例如，在“直线与平面垂直的判定定理”的教学中，数学教师设置如下问题：平面内任意一条直线和已知直线垂直，为什么不能证明这条直线和这个平面垂直？如果平面内有两条直线和已知直线垂直，能够判定这条直线和这个平面垂直吗？如果平面内有无数条直线和已知直线垂直是否可以证明？在学生的质疑争论中，逐渐明晰，最终确定正确结论：如果一条直线和一个平面内两条相交直线垂直，那么这条直线和这个平面垂直。

将批判性思维渗透到具体的学科中，教材就是很好的批判性思维教育资源。例如历史教师引导学生思考“汉武帝巩固大一统王朝”的章节，“雄才大略”的汉武帝造就了封建时代的鼎盛局面，那为何汉武帝发布轮台罪己诏？汉武帝穷兵黩武，为何被称为“雄才大略”？汉武帝有无下诏？是否是罪己诏？是否在轮台下罪己诏？今天所熟知的“雄才大略”的评论来自班固《汉书·武帝纪》，那么问题是班固的评论“雄才大略”究竟意在何处？班固的评价有一个特点叫抽象肯定，具体否定，抽象说他雄才大略，但是具体在论述的时候，只讲汉武帝的文治，不提汉武帝的武功，而不提的本身就是一种委婉的批评。至于汉武帝发布轮台罪己诏，事实是汉武帝确实下“轮台诏”，历史上评价也很高，毕竟这是来自一个至高无上的皇帝的自我批评。但在这个诏书里汉武帝说的最严重的话只是说自己不够明智，并没有罪己。但历史说罪己是有证据的，汉武帝确实说过罪己的话：“朕即位以来，所为狂悖，使天下愁苦，不乐追悔。自今事有伤害百姓，靡费天下者，悉罢之。”可这段话不是在轮台说的。所以，“轮台罪己诏”的说法，还需画一个问号。批判性思维教育需要生动的案例，这些案例可以来自历史故事，可以来自社会生活。然而，教材才是最好的批判性思维教育资源。因为教材本身就是教学活动不可或缺的要素。就教材中的内容展开批判性思维，最直接，最自然，最有效。就教材中的内容展开批判性思维，其实就是以一种全新的思想方法来解释教材，分析教材，理解教材。如果我们只能用别人用过的案例来教批判性思维，却不能用批判性思维来分析教材，这样的批判性思维教育就始终隔着一层。如果说以批判性思维来解释教材是我注六经，那么，将教材作为批判性思维教育资源，就是六经注我。只有我注六经恰到好处，才有自然而然的六经注我。

将批判性思维渗透到具体的学科中，一定要有好课。好课是教师教学成功的根本，也是批判性思维教育成功的根本。上好课，是教师的本分。能上好课，能上具有典范意义和推广意义的好课，是教师发展的主要方向。与论文或课题相比，好课更为本质，因而重要得多。如果不能上好课，论文再多也不是好教师。能上好课的教师，写论文更有真知灼见。好课也是评价教育教学课题是否成功的硬标准。如果一个课题没有好课，论文再多，也不算成功。批判性思维教育的好课标准是什么？那就是批判性思维的方法与具体的学科、具体的教学内容结合得自然，丝丝入扣，水乳交融，浑然一体。

二、一个学科的批判性思维教育

这里我们以语文为例来讨论批判性思维教育。

语文课程对于批判性思维素质的培养具有得天独厚的条件。语文教学的内容表现为许多完整而独立的文本，这些文本中的特定情境和言语为批判性思维训练提供了许多鲜活生动的个案。解读文本的过程，与作者对话的过程应当是批判性思维的过程，评价文本的过程更应当是批判性思维的过程。这里的批判性思维活动不仅可以指向文本的文化内涵，而且可以指向文本的语言形式。在合作学习中，同学之间的讨论、师生之间的对话同样应当渗透着批判性思维活动。讨论和对话尽管也可以在数理化等课程中进行，但人文课程是最适合于讨论的课程，是最适合于在讨论中培养批判性思维能力的课程。而在人文课程中，语文课程与特定情境相关的讨论对于批判性思维的培养，有更高的价值。

批判性思维素质的培养本身也是语文课程的需要。因为，批判性思维素养应当是语文素养的重要内容，甚至是核心内容。批判性思维素质对于语文素养，不仅具有量的意义，而且具有质的意义。语文知识应当是经过质疑和反思的知识；语文能力应当包含和渗透质疑、反思的能力；语文学习的过程，应当是渗透着质疑和反思的过程；语文方法应当包含质疑和反思的方法；人生态度和价值观念，也应当是经过反思的；而情感也应当是与理智相互制约的。批判性思维对于良好的语文素养是不可或缺的。离开了批判性思维，不可能有真正意义上的自主、合作、探究的语文学习。语文素养的主要内容是语言、思维和审美。思维是人的认识的理性阶段。语言与思维互为表里。审美同样离不开理性，一个“审”

字,生动地表达了审美的理性思辨色彩。理性是语文素养的深刻内涵或者干脆说灵魂。离开了理性的深刻内涵,一个人的语文素养必定是零散的,甚至是凌乱的;肤浅的,甚至是浅薄的;机械的,甚至是呆滞的;没有生机活力。

高中语文课程标准在课程目标中提出:“养成独立思考、质疑探究的习惯,增强思维的严密性、深刻性和批判性。”这一思想在义务教育语文课标中已有体现。例如,在第四学段的阅读目标中说:“通过自己的思考,作出判断。”在教学建议中,提到“阅读反思和批判”。把培养学生的批判性思维素养作为语文课程目标写进语文课程标准,这是了不起的进步。作家狄马说:“一个人如果养成了独立自主的理性和思辨的习惯,那他已经是个现代公民了,语文教育的任务也完成了大半,甚至是最主要的部分,知识的多少和观点的对错反而不那么重要了。”校长凌宗伟说:“当下的课堂激情有余而理性不足。”院士田禾说:“语文教学的一大误区在于重视文采远胜于理据。语文老师当然应该引导学生欣赏文字的美感,但除了抒情和审美,学生更应该掌握如何用文章求知、思考和论辩。”名师余党绪说:“想象力主要是一种天赋和潜能,更需要的是保护和鼓励,与此相对,理性精神则只能通过后天的教育才能拥有。”学者钱锺书说:“理之在诗,如水中盐,蜜中花,体匿性存,无痕有味。”

三、一位教师的批判性思维教育

余党绪老师有深刻的语文教学思想和精彩的语文教学实践。他的批判性思维教育深得语文课程的精髓,深得批判性思维教育的精髓。

余老师倡导读经典,更倡导超越对经典的沉浸。他说:“对于经典沉浸是远远不够的。沉浸并不必然带来追问与反思;相反,它倒更倾向于消弭价值对抗,抹杀情感冲突。沉浸也不能导向平等的对话,其建构的价值也不可高估。主张沉浸式阅读的初衷是为了引导阅读,但不能因为学生远离了阅读,疏离了经典,就主张年轻人一脚跳进历史,浸入经典而忘我。沉浸而没有超越的勇气,共鸣而缺乏质疑的能力,这不是经典阅读应取的态度。真正的读者,首先必须是个批判者。批判的姿态,才是经典阅读应有的姿态。”

余老师倡导读万字长文和读整本书。他说:“从 2003 年左右开始,我们开始有意识的革新我们的语文课程。我重点做了两件事，一是万字长文阅读，二是经典精读，其实就是今天很热门的整本书阅读。这两件事我一做就是十几年，从未动摇过，从未放弃过。之所以坚持做，也是基于我对语文阅读教学的判断与评估。我对当下阅读教学的基本评价是：量少，质次，结构不合理，效率低下。首先是量的问题。一个学期一本教材，一本教材 6 个单元，其中 4 个现代文单元，2 个文言文单元；每单元有 3～5 篇课文，讲读 2 篇，其余为泛读。结论一目了然，一个以汉语为母语、经过 9 年制义务教育、已具备了基本阅读能力的高中生，原则上每个学期只要读 24 篇课文，六七万字。这个阅读量够吗？量不够，还在其次。关键是这有限的量，其质也不能让人信服。首先，课文在长度与容量上与初中缺乏明显区分。文章的优劣，自然不能以长短来论；但一篇一两千字的文章，不管怎样花团锦簇，承载的内容总是有限的。随着学生认知水准与阅读能力的不断提升，他们热爱新知，渴望挑战，渴求突破。但遗憾的是，在阅读教学中，低水平重复的多，老生常谈的多，内容肤浅的多，课文多是些一眼即可洞穿的文章。在语文学习中，有些重复和反复是必要的，有价值的，但低水平的反复只能加重学生的厌倦和厌恶。“

余党绪老师最了不起的贡献是倡导“公民写作”，即“以公民姿态，就公共事务，作理性表达”。余老师说，“以公民姿态”表达，就是要改变“代圣人立言”的传统写作教育模式，改变“价值绝对，主体缺席”的套路。“公民的底线在哪里，写作的底线就在哪里；公民的边界在哪里，表达的边界就在哪里。遵守法律、恪守道德、尊重社会的公序良俗，这些都是公民的基本素养，也是我们写作与表达的是非标准。”“就公共事务”表达，就是要改变培养“酸文人”“笔杆子”“文曲星”的目标，改变“伪文学”“伪文化”“伪情感”“伪议论”的矫揉造作、晦涩玄虚的文风。“理性的思维方式主要表现为逻辑思维。逻辑能够对人的思维起到规范作用，让人的思维全面、深刻和理性，对世界的认识更加正确，对问题的处理也会更加合理有效。”

“以公民姿态，就公共事务，作理性表达”，这是了不起的语文教育创新，甚至是了不起的教育创新。这一创造必将对语文教育甚至整个中国教育产生积极而深远的影响。

中篇

逻 辑

第五章

逻辑概说

第一节 什么是逻辑

一、"逻辑"一词的多重语义

"逻辑",是由英语 logic 音译过来的。在汉语中,"逻辑"是个多义词,它至少有如下几个义项:

(1) 客观事物的规律。

例如:我们要研究市场经济的逻辑。

(2) 思维的规律。

例如:他的话不合逻辑。

(3) 研究思维形式及其规律的科学,即逻辑学。

例如:我们应当普及逻辑。

(4) 某种理论或说法。

例如:把侵略说成友谊,这是帝国主义的强盗逻辑。

在上述四个义项中，前三个义项逐步派生，一脉相承。第四个义项往往含有贬义。

这里所讲的逻辑，指逻辑学，即研究思维形式及其规律的科学。

二、思维

从根本上说，逻辑是研究思维的科学。什么是思维呢？思维是人的认识的理性阶段，是人脑对客观事物间接而概括的反映。人的认识可以分为感性认识和理性认识。感性认识是认识的初级阶段，是对客观事物的现象、部分和外部联系的反映。其形态是感觉、知觉和表象。经过对感性材料的加工整理，产生认识的飞跃，形成概念、命题和推理，把握事物的本质和规律。这就是理性认识阶段，也就是思维的阶段。

思维有两个最基本的特点，这就是间接性和概括性。思维的间接性，一方面在于理性认识来源于感性认识，必须借助于感性材料；另一方面，在于思维能够根据旧知推导出新知。正因为如此，人们才有可能理解那些不能亲自感知的东西。所谓“秀才不出门，便知天下事”正是这个道理。正是靠着思维的间接性，人们的认识才能纵横数万里，上下几千年。

思维的概括性在于思维能够从许多个别事物的各种各样的属性中舍去那些表面的、非本质的属性，从而把握一类事物的内在的共同本质。例如“桌子”是指一切有支柱、有平面、能够在上面放置东西或进行操作的用具。而不管它是木质的还是石质的，也不管它是方形的还是圆形的。正是靠了思维的概括性，我们才能以简驭繁地把握世界，认识千差万别、纷繁复杂的事物。

三、思维形式

思维形式是思维的逻辑结构。任何思维都是思维形式与思维内容的有机统一。不同的思维内容可以运用相同的思维形式。例如：

① 所有金属都是导体。

② 所有商品都是有价值的。

③ 所有人都是有情感的。

这三句话的内容各不相同：① 是物理学方面的；② 是经济学方面的；③ 是心理学方面的。但其思维形式相同，都是命题，有相同的命题形式，即“所有 S 是 P”。又如：

① 所有金属都是导体。
铁是金属。
所以，铁是导体。

② 所有客观规律都是不以人的意志为转移的。
经济规律是客观规律。
所以，经济规律是不以人的意志为转移的。

③ 所有羊都是动物。
所有动物都是生物。
所以，所有羊都是生物。

上述三段话的内容各不相同：① 是物理学方面的；② 是哲学方面的；③ 是生物学方面的。但其思维形式相同，都是推理，有相同的推理形式。逻辑要研究思维形式，而一般不研究具体的思维内容，或者说暂时撇开思维的具体内容。研究思维形式的目的正是为了人们在具体思维过程中能够恰当运用思维形式来反映思维内容。

思维形式有概念、命题、推理。

四、思维形式的规律

思维形式有着客观的规律。例如：“p 并且非 p”是永假式，无论填入什么具体思维内容，都是假的。比如“这是粉笔并且不是粉笔”“李白是大诗人并且不是大诗人”。“p 或者非 p”是永真式。无论填入什么具体的思维内容都是真的。比如“这是粉笔或者不是粉笔”“李白是大诗人或者不是大诗人”。思维形式的规律也叫作思维规律，或思维的法则，是不以人的意志为转移的。

第二节　概念

一、什么是概念

概念是反映事物及其本质属性的思维形式。例如，“桌子”“跳”“伟大”“三”。山川草木、阴晴雨雪之类的自然现象，商品货币之类的社会现象，情感意志之类的精神现象，都是概念所反映的事物。事物有各种各样的性质。比如金属有导电的性质，液体有流动的性质。事物与事物之间有各种各样的关系。比如 3 与 2 之间有大于关系，孙中山与廖仲恺之间有同志关系。事物的性质和事物之间的关系在逻辑上统称为属性。属性分本质属性和非本质属性。本质属性是事物本身所特有的，决定该事物为该事物，并与其他事物相区别的属性。非本质属性不是一类事物所特有的。例如，有眼睛，有四肢，就不是人的本质属性，而是人的非本质属性。因为其他动物也有这样的属性。而能够制造和使用生产工具是人所特有的属性，是人的本质属性。

概念是以类的方式把握世界的思维方式。有了概念，人们就可以在思想中分门别类，以简驭繁地把握世界。概念是思维的细胞。人们用概念组成命题，用命题构成推理。一个思维过程往往从概念开始，又以概念结束。

二、概念的内涵和外延

概念的结构可以分析为内涵和外延。内涵是反映在概念中的事物的本质属性。外延是反映在概念中的具有本质属性的事物类。例如，“文学”这个概念的内涵是“以语言反映社会生活的艺术”，其外延是“小说、诗歌、散文、戏剧”。又如，“生物”的内涵是“自然界中有生命的物体，能够进行新陈代谢、生长、繁殖”，外延是“动物、植物、微生物”。

在可比较概念之间，其内涵与外延存在着一种反变关系，即内涵越多，外延越小；内涵越少，外延越大。例如，“直角三角形”与“三角形”，前者的内涵多，外延小，后者的内涵少，外延大。又如“生物”与“动物”，前者的内涵少，外延大，后者的内涵多，外延小。

三、概念的种类

（一）单独概念和普遍概念

单独概念是所反映的事物类只有一个对象的概念。例如，“黄河”“鲁迅”“汉语”“世界上最长的河流”。

普遍概念是所反映的事物类具有一个以上对象的概念。例如，“河”“文学家”“语言”“金色的花朵”。

（二）集合概念和非集合概念

集合概念是反映集合体的概念。例如，“森林”“词汇”“山脉”“群岛”“篮球队”。非集合概念是反映非集合体的概念。例如，“树”“词”“山”“队员”“友谊”。

所谓集合体，是由若干同类要素组成的整体或群体。这里有两个要点。第一，必须是同类要素，而不是部件。例如，森林是由一棵棵树组成的，一棵棵树是同类要素；而桌子是由桌子面、桌子腿构成的，桌子面、桌子腿不是同类要素，而是不同部件。因此，森林是集合体，“森林”是集合概念，而桌子不是集合体，“桌子”是非集合概念。第二，同类要素必须组成整体或群体，而不是抽象的类。例如，森林是一棵棵树组成的整体，而“树”是一个类。因此，“森林”是集合概念而“树”是非集合概念。

同一个语词表达不同的概念，有时其中既有集合概念，又有非集合概念。例如，在“人是由猴子变来的”中的“人”，是集合概念，指的是人类整体。“人贵有自知之明”的“人”，是非集合概念，指的是一个个具体的人。我们说，前一种情况，“人”这个语词是在集合意义上使用的；后一种情况，“人”这个语词是在非集合意义上使用的。

（三）正概念和负概念

正概念是反映事物具有某种属性的概念。例如，“黄河”“河”“森林”“树”。负概念是反映事物不具有某种属性的概念。例如，“非金属”“不及格”“无记名”。表达负概念的语词都带有否定语素“非”“不”“无”等。但这些字不一定都是否定语素。例如，“非洲”中的“非”，“不丹”中的“不”不是否定语素。“非洲”“不丹”也不是负概念。

负概念总是相对于一定的范围来使用的。这个特定的范围叫作论域。要明确负概念的内涵和外延，必须了解它的论域。例如，“非金属”的论域是“物质”。

四、概念之间的关系

这里所谈概念之间的关系，指的是概念外延之间的关系。

（一）基本关系

1. 全同关系

A、B 两个概念，如果所有 A 都是 B，并且所有 B 都是 A，那么，A 与 B 具有全同关系。可以说 A 全同于 B，也可以说 B 全同于 A。全同关系是外延全部重合的两个概念之间的关系（如图 7）。例如：

① A. 等边三角形
   B. 等角三角形
② A. 鲁迅
   B.《孔乙己》的作者

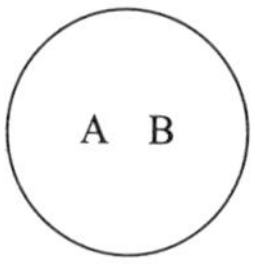

图 7

2. 真包含于关系

A、B 两个概念，如果所有 A 都是 B，但并非所有 B 都是 A，那么，A 与 B 具有真包含于关系。即 A 真包含于 B（如图 8）。例如：

① A. 中学生

B. 学生

② A. 羊

B. 动物

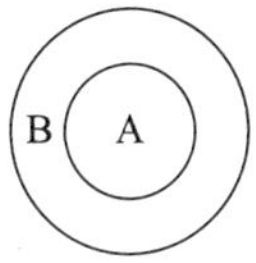

图 8

3. 真包含关系

A、B 两个概念,如果所有 B 都是 A,但并非所有 A 都是 B,那么,A 与 B 具有真包含关系。即 A 真包含 B(如图 9)。例如:

① A. 教师

B. 数学教师

② A. 生物

B. 动物

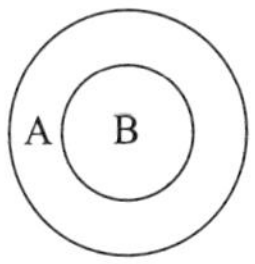

图 9

真包含于关系和真包含关系是互逆的。即 A 真包含于 B,则 B 真包含 A;A 真包含 B,则 B 真包含于 A。例如,"羊"真包含于"动物","动物"真包含"羊";"生物"真包含"动物","动物"真包含于"生物"。

4. 交叉关系

A、B 两个概念,如果有 A 是 B,有 A 不是 B,并且有 B 不是 A,那么,A 与 B 具有交叉关系(如图 10)。例如:

① A. 青年

B. 工人

② A. 方桌

B. 木桌

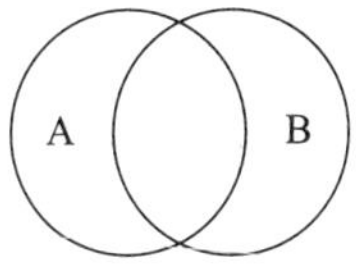

图 10

5. 全异关系

A、B 两个概念,如果所有 A 都不是 B,那么 A 与 B 具有全异关系。全异关系是外延没有任何重合的两个概念之间的关系(如图 11)。例如:

① A. 金属
B. 非金属
② A. 动物
B. 植物
③ A. 太阳
B. 友谊

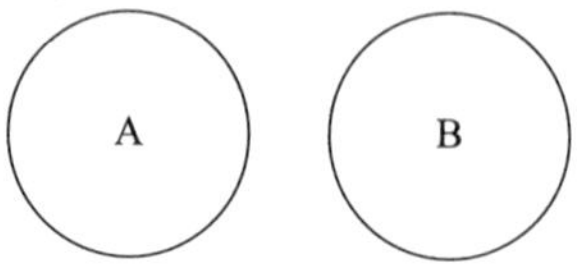

图 11

上述概念之间的五种基本关系，是概念之间关系的全覆盖。也就是说，任意两个概念之间的关系，必为五种关系之一，或是全同关系，或是真包含于关系，或是真包含关系，或是交叉关系，或是全异关系。

上面用来表示概念之间外延关系的图叫作欧拉图，是瑞士数学家欧拉发明的。

（二）其他关系

1. 包含于关系

A、B 两个概念，如果所有 A 都是 B，那么 A 与 B 具有包含于关系。即 A 包含于 B。上面的全同关系和真包含于关系，都是包含于关系。也就是说，包含于关系是全同关系和真包含于关系的概括。或者说，包含于关系或是全同关系，或是真包含于关系。例如：

① A. 等边三角形
B. 等角三角形
② A. 动物
B. 生物

2. 不包含于关系

A、B 两个概念，有 A 不是 B，那么 A 与 B 具有不包含于关系。即 A 不包含于 B。上面的真包含关系、交叉关系、全异关系，都是不包含于关系。也就是说，不包含于关系是真包含关系、交叉关系、全异关系的概括。或者说，不包含于关系或是真包含关系，或是交叉关系，或是全异关系。例如：

① A. 生物

B. 动物

② A. 青年

B. 作家

③ A. 金属

B. 非金属

3. 相容关系

A、B 两个概念,如果有 A 是 B,那么 A 与 B 具有相容关系。即 A 与 B 相容。上面的全同关系、真包含于关系、真包含关系、交叉关系,都是相容关系。也就是说,相容关系是全同关系、真包含于关系、真包含关系、交叉关系的概括。或者说,相容关系,或是全同关系、或是真包含于关系,或是真包含关系,或是交叉关系。例如:

① A. 等边三角形

B. 等角三角形

② A. 动物

B. 生物

③ A. 生物

B. 动物

④ A. 青年

B. 作家

4. 不相容关系

A、B 两个概念,如果所有 A 都不是 B,那么 A 与 B 具有不相容关系。即 A 与 B 不相容。不相容关系,也就是上面的全异关系。例如:

A. 红色

B. 蓝色

5. 属种关系

A、B两个概念，如果一个概念的全部外延与另一个概念的部分外延重叠，那么A与B具有属种关系。

属种关系是真包含于关系和真包含关系的概括。属种关系的两个概念，一个概念的外延大，一个概念的外延小。外延大的概念叫作属概念，或大概念，或上位概念；外延小的概念叫作种概念，或小概念，或下位概念。属种关系是没有方向性的。无论属概念在前还是种概念在前，都叫属种关系。例如，"羊"与"动物"的关系和"动物"与"羊"的关系都是属种关系。属种关系具有如下的特点：属概念所反映的事物的属性必然为种概念所反映的事物具有。也就是说大类的属性必然为小类所具有。这是类思维的一个重要原则。例如，笔的属性必然为铅笔所具有。因此，我们可以直接把铅笔叫作笔。

6. 矛盾关系

A、B两个概念，如果外延没有任何重叠，并且两个概念的外延之和等于其属概念的外延，那么A与B具有矛盾关系（如图12）。例如：

① A. 金属
B. 非金属

② A. 及格
B. 不及格

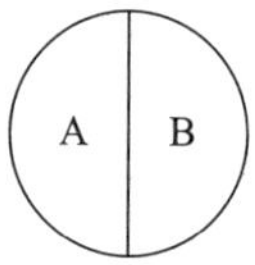

图12

7. 反对关系

A、B两个概念，如果外延没有任何重叠，并且两个概念的外延之和小于其属概念的外延，那么A与B具有反对关系（如图13）。例如：

① A. 动物
B. 植物

② A. 正数
B. 负数

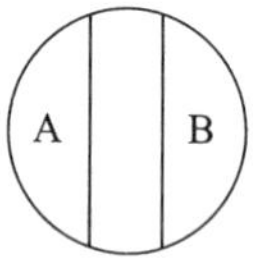

图13

第三节 命题

一、命题与命题形式

命题是反映事物情况的思维形式。例如：

① 李白是大诗人。

② 鲸鱼不是鱼。

③ 鲸鱼是鱼。

④ 如果下雨，地上就湿。

命题的逻辑特征是有真假。如果一个命题所反映的事物情况客观上存在，那么这个命题是真的，或者说这是一个真命题。如上面的例①、例②、例④。如果一个命题所反映的事物情况客观上不存在，这个命题就是假的，或者说这是一个假命题。如上面的例③。“真”和“假”统称为“真值”。

命题的抽象叫作命题形式。例如，“所有金属是导体”是命题，“所有S是P”是该命题的命题形式。命题形式是命题的一般抽象。命题是命题形式的具体化，或者叫作命题形式的一个解释。任何一个命题形式都有无穷个解释。根据命题的真值情况可以把命题形式分为永真式、永假式、协调式。如果一个命题形式的任何解释都是真命题，那么该命题形式叫作永真式。永真式是逻辑规律的表现。研究永真式是为了把握逻辑规律。例如：“所有S是S”“P或者非P”。永真式也叫重言式。如果一个命题形式的任何解释都是假命题，那么该命题形式叫作永假式。例如：“P并且非P”。永假式也叫“矛盾式”。如果一个命题形式的解释有真命题也有假命题，那么该命题形式叫作协调式。例如“所有S是P”“如果p，那么q”，永真式是逻辑规律的表现，是逻辑研究的核心。永假式是逻辑矛盾的表现。研究矛盾式是为了排除逻辑矛盾。逻辑更要研究协调式，要研究一个命题形式的解释在何种情况下真，何种情况下假。

命题形式的结构可以分析为“常项”和“变项”。变项是命题形式中可变的部分，可以代入具体的思维内容。常项是命题形式中不变的部分，它表现命题形式的逻辑意义。例如，“所有S是P”中，“S”“P”是变项，“所有”“是”是常项。在“如果p，那么q”中，“p”“q”是变项，“如果”“那么”是常项。

变项可区别为词项变项和命题变项。词项变项由概念代入（词项就是命题中的概念）；命题变项由命题代入。词项变项常用大写字母S、P、L、M、N等表示。命题变项常用小写字母p、q、r、s等表示。根据变项是词项变项或命题变项，可以将命题分为简单命题和复合命题。简单命题有直言命题和关系命题。复合命题有联言命题、选言命题、假言命题、负命题等。命题变项可称作复合命题的支命题或命题支。

二、命题与判断

对命题的断定叫作判断。判断是一种命题态度（疑问则是另一种态度）。从这个意义说，判断属于心理范畴，命题属于逻辑范畴，而语句属于语言范畴。从符号学的角度看，语句是语形学的范畴，命题是语义学的范畴，判断是语用学的范畴。例如，“李白是大诗人”是一个语句，也是一个命题，又是一个判断。当我们说这是一个语句，是一个主谓结构的语句时，我们是在进行语形的分析；当我们说，这个语句陈述了一个命题，反映了“李白”具有“大诗人”的属性时，我们是在进行语义的分析；当我们说，这个陈述表达了一个判断，它断定“李白是大诗人”这个命题是真的，它表明说话者相信这个表达式所表达的语义，我们就是在进行语用的分析。语句、命题、判断往往是三位一体的。

我们主张在逻辑中普遍用“命题”这个术语，而一般不用“判断”的理由至少有二。一是判断只对说话者而言；对其他人而言，那个句子只能是命题；例如“地球是宇宙的中心”这个语句对于亚里士多德而言是一个判断；对于现在的一般人来说就不是一个判断而只是一个命题，因为我们不相信这个命题。二是因为判断有很强的整体性，命题的整体性则弱些。一个复合命题从整体上看可以是判断，但其部分却不一定是判断。例如：“如果下雨，地上就湿”。我们可以说整体上是一个判断，却不能说“下雨”“地上湿”是支判断，因为说话人并不一定有这样的断定，但一个命题的部分却可以称为支命题。

第四节　推理

一、什么是推理

推理是由已知命题获得新命题的思维形式。例如：

① 金属是导电的，铁是金属，所以铁是导电的。

② 有些作家是青年，所以有些青年是作家。

推理的结构可以分为前提、结论两个部分。已知的命题叫作前提，推出的新命题叫作结论。

结论的真实，需要两个条件。一是前提真实，一是推理形式正确。两个条件缺一不可。例如：

① 金属是不能导电的，
铁是金属，
所以铁是不能导电的。

② 苹果是水果，
梨不是苹果，
所以梨不是水果。

例①结论虚假的原因是前提虚假。例②结论虚假的原因是推理形式不正确。具体地说，是大项不当周延。

在概念、命题、推理这三种思维形式中，逻辑从根本上说是研究推理的。推理是根据命题的逻辑意义进行的。因此，要研究推理就要研究命题。概念是组成命题的基本要素，因此，要研究命题就要研究概念。

二、推理的种类

推理按照思维方向可以分为演绎推理、归纳推理、类比推理。演绎推理的思维方向是从一般到特殊;归纳推理的思维方向是由特殊到一般;类比推理的思维方向是由特殊到特殊。这样一种区分的优点在于比较容易理解。然而这种区分又有明显的缺点,那就是不能穷尽所有的推理。例如:"有些青年是作家,所以,有些作家是青年。"这样的推理就无所依归。

推理按照前提与结论之间的联系可以分为必然性推理和或然性推理。必然性推理的前提与结论之间的联系是必然的,即前提真则结论必真。或然性推理前提与结论之间的联系是或然的,即前提真则结论可能真。演绎推理是必然性推理;归纳推理和类比推理是或然性推理。这样的分类能够穷尽所有的推理。上述推理"有些青年是作家,所以,有些作家是青年"就是必然性推理。在必然性推理中,逻辑研究的核心是推理的有效性,凡是能从真实前提必然得到真实结论的推理,就是有效的,否则便是无效的。在或然性推理中,逻辑研究的核心是推理的合理性,即如何提高结论的可靠程度。不少逻辑学家把"演绎推理"与"必然性推理"看成同一关系,把"或然推理"与"归纳推理"看成同一关系。

第六章

词项逻辑

第一节　直言命题

一、什么是直言命题

直言命题是反映事物具有或不具有某种性质的命题。因此也叫性质命题。例如：

① 所有商品都是劳动产品。

② 有的金属不是固体。

例① 反映所有的商品都具有劳动产品的性质。例②反映有的金属不具有固体的性质。

直言命题由主项、谓项、联项、量项四部分组成。

主项是表示被反映事物的概念。如例①中的“商品”和例②中的“金属”。主项常用大写字母 S 表示。

谓项是表示某种性质的概念。如例①中的“劳动产品”和例②中的“固体”。谓项常用大写字母 P 表示。

联项是表示主项和谓项之间联系的概念，它刻画命题的质。联项分为肯定联项和否定联项。肯定联项用“是”表示，否定联项用“不是”表示。

量项是表示被反映事物数量范围的概念。它刻画命题的量。量项分为全称量项、特称量项。全称量项用“一切”“凡是”“凡”“全部”等表示。在自然语言中，全称量项经常省略。不省略时便有了强调的意味。特称量项用“有”“有些”“有的”等表示。特称量项的逻辑意义是“至少有一个”。如“有些羊是动物”的逻辑意义是“至少有一只羊是动物”。

二、直言命题的种类

根据质的不同，可以把直言命题分为肯定命题和否定命题两类。肯定命题用肯定联项，否定命题用否定联项。根据量的不同，可以把直言命题分为全称命题、特称命题、单称命题三类。全称命题用全称量项，特称命题用特称量项，单称命题没有量项。根据质和量的结合，性质命题可分为六类：全称肯定命题、全称否定命题、特称肯定命题、特称否定命题、单称肯定命题、单称否定命题。

全称命题和单称命题都反映了主项的全部外延，具有相似的逻辑意义。因此，传统逻辑把单称命题当作全称命题来处理。这样，六类直言命题就可以简化为四类。

（一）全称肯定命题

全称肯定命题反映一类事物的全部对象具有某种性质，即反映了主项与谓项之间的包含于关系。例如：

所有商品都是有价值的。

其逻辑形式是：

所有 S 是 P

可写作：

SAP

简称：

A

（二）全称否定命题

全称否定命题反映一类事物的全部对象不具有某种性质，即反映了主项与谓项间的不相容关系。例如：

一切事物都不是静止的。

其逻辑形式是：

所有S不是P

可写作：

SEP

简称：

E

（三）特称肯定命题

特称肯定命题反映一类事物至少有一个对象具有某种性质，即反映了主项与谓项间的相容关系。相容关系是外延有所重合的两个概念之间的关系，是全同关系、真包含于关系、真包含关系、交叉关系的概括。例如：

有些文件是绝密的。

其逻辑形式是：

有S是P

可写作：

SIP

简称：

I

（四）特称否定命题

特称否定命题反映一类事物至少有一个对象不具有某种性质，即反映了主项与谓项之间的不包含于关系。例如：

有些天鹅不是白色的。

其命题形式是：

有 S 不是 P

可写作：

SOP

简称：

O

三、直言命题的真值

一个直言命题的真值取决于它所反映的主谓项之间的关系是否符合客观实际。如果一个直言命题所反映的主谓项之间的关系与主谓项之间客观上的关系一致，那么该直言命题真；如果一个直言命题所反映的主谓项之间的关系与主谓项之间客观上的关系不一致，那么该直言命题假。

（一）A 命题的真值

直言命题 SAP 反映了主谓项之间的包含于关系。而包含于关系是全同关系和真包含于关系的概括。因此，当 S 与 P 客观上具有全同关系或真包含于关系时，SAP 真；否则假。

（二）E 命题的真值

直言命题 SEP 反映了主谓项之间的不相容关系。而不相容关系即全异关系。因此，当 S 与 P 客观上具有全异关系时，SEP 真；否则假。

（三）I 命题的真值

直言命题 SIP 反映了主谓项之间的相容关系。而相容关系是全同关系，真包含于关系、真包含关系、交叉关系的概括。因此，当 S 与 P 客观上具有全同关系或真包含于关系或真包含关系或交叉关系时，SIP 真；否则假。

（四）O 命题的真值

直言命题 SOP 反映了主谓项之间的不包含于关系。而不包含于关系是真包含关系、交叉关系、全异关系的概括。因此，当 S 与 P 客观上具有真包含关系或交叉关系或全异关系时，SOP 真，否则假。

（五）直言命题真值表

综上所述，直言命题 A、E、I、O 的真值情况可以用真言命题真值表刻画如下。（其中“＋”表示真，“－”表示假。）

表 1　直言命题真值表

				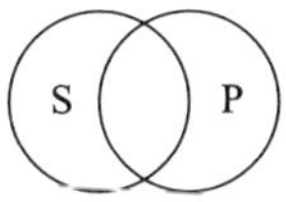	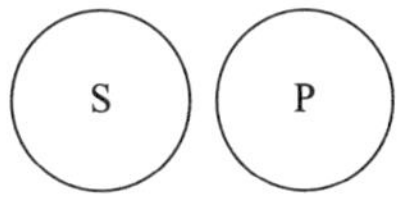
SAP	＋	＋	－	－	－
SEP	－	－	－	－	＋
SIP	＋	＋	＋	＋	－
SOP	－	－	＋	＋	＋

四、直言命题的对当关系

直言命题的对当关系指的是同素材的 A、E、I、O 之间的真值关系。所谓同素材，就是具有相同的变项，即相同的主项和谓项。例如，下面几个直言命题之间就存在着有规律的真假关系：

A 所有鸟都是会飞的。

E 所有鸟都不是会飞的。

I 有些鸟是会飞的。

O 有些鸟是不会飞的。

A、E、I、O 之间的对当关系可用如下的逻辑方阵表示：

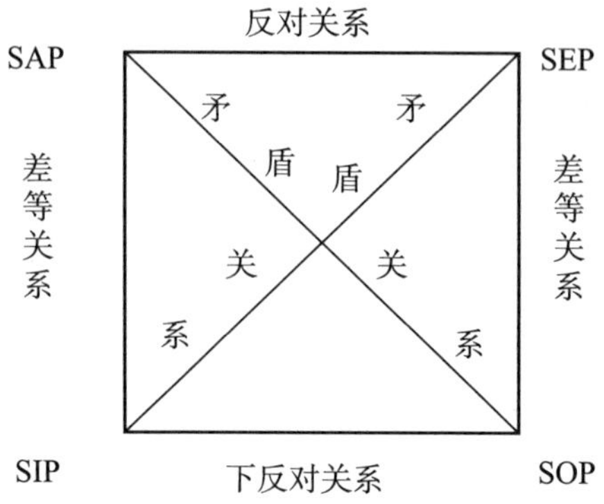

图 14　对当关系逻辑方阵

（一）反对关系

反对关系是两个全称命题 A 与 E 之间的真值关系。其内容是“不可同真，可以同假”（见直言命题真值表，下同）。

（二）下反对关系

下反对关系是两个特称命题 I 与 O 之间的真值关系。其内容是“可以同真，不可同假”。

（三）矛盾关系

矛盾关系是质、量都相反的两个直言命题之间的真值关系，即 A 与 O、E 与 I 之间的真值关系。其内容是“不可同真，不可同假”。

（四）差等关系

差等关系是同质的两个直言命题之间的真值关系，即 A 与 I、E 与 O 之间的真值关系。其内容是“可以同真，可以同假”。

差等关系和其他三种关系具有不同的性质，即其他三种关系没有方向性，而差等关系有方向性。因此，差等关系需进一步考察并区别为顺差等和逆差等。顺差等是由全称命题到特称命题的真值关系。其内容是“必同真，不必同假”。

逆差等是由特称命题到全称命题的真值关系。其内容是“不必同真，必同假”。

我们在研究性质命题的种类时曾谈到，传统逻辑把单称命题当作全称命题来处理，因为它们的逻辑性质有很大的一致性。但是，单称命题与全称命题毕竟是有区别的。区别之一就是：两个全称命题之间是反对关系，而两个单称命题之间是矛盾关系。例如“李白是大诗人”真，则“李白不是大诗人”假。

五、直言命题词项的周延性

直言命题词项的周延性，指的是直言命题对主项或谓项的外延的反映情况。如果一个直言命题反映了主项或谓项的全部外延，那么该主项或谓项就是周延的；如果一个直言命题没有反映主项或谓项的全部外延，那么该词项是不周延的。下面我们讨论性质命题 A、E、I、O 主项和谓项的周延情况。

（一）A 命题主项周延，谓项不周延

A 命题“所有 S 是 P”反映了主项 S 与谓项 P 之间的包含于关系，即 S 的全部外延包含在 P 的外延之中，也就是反映了 S 的全部外延。所以主项 S 周延。但并未反映 S 的全部外延正好是 P 的全部外延，也就是没有反映 P 的全部外延，因此谓项 P 不周延。

（二）E 命题主项、谓项都周延

E 命题“所有 S 不是 P”反映了主项 S 与谓项 P 之间的不相容关系，即 S 的全部外延与 P 的全部外延没有重合，也就是反映了 S 的全部外延，也反映了 P 的全部外延。因此，主项 S 和谓项 P 都周延。

（三）I 命题主项、谓项都不周延

I 命题“有 S 是 P 反映了主项 S 与谓项 P 之间的相容关系，即反映了 S 的外延与 P 的外延有所重合，但并未反映 S 的全部外延与 P 的外延重合，也未反映 S 的外延与 P 的全部外延重合，因此主项 S 和谓项 P 都不周延。

(四) O 命题主项不周延，谓项周延

O 命题“有 S 不是 P”反映了主项 S 与谓项 P 之间的不包含于关系，即反映了有 S 的外延与 P 的全部外延不重合，也就是反映了 P 的全部外延，因此谓项 P 周延。但并未反映 S 的全部外延与 P 的外延重合，因此主项 S 不周延。

结论：直言命题主、谓项周延情况的规律是，主项看量项，全称时周延，特称时不周延；谓项看联项，肯定时不周延，否定时周延。

关于周延问题，需要强调三点：

第一，周延问题是就命题的词项而言，离开了命题，孤立的概念无所谓周延问题。

第二，周延问题指的是对词项外延的反映情况，与词项间客观上的关系是不同的两回事。

第三，周延问题是对某类命题的分析，某一类命题主、谓项的周延情况有共同的规律，没有例外。例如，“有些山羊是羊”。不能由于客观上“山羊”的全部外延包含在“羊”的外延之中，就认为这里的主项“山羊”周延。因为上述客观情况在命题中并没有得到反映。按照 SIP 的周延规律，由于该命题为特称命题，所以主项“山羊”一定是不周延的。

第二节　直接推理

一、命题变形推理

命题变形推理是通过改变直言命题的形式获得新命题的推理。可以分为换质法、换位法、换质位法。

(一) 换质法

换质法是通过改变直言命题的质获得新命题的推理。例如：

书信是有格式的。

所以,书信不是没有格式的。

换质法有两条规则:

(1) 只改变前提的质,不改变前提的量。

(2) 以前提谓项的矛盾概念作结论的谓项。

按照这两条规则,A、E、I、O 的换质公式如下:

$SAP \longrightarrow SE\neg P$

$SEP \longrightarrow SA\neg P$

$SIP \longrightarrow SO\neg P$

$SOP \longrightarrow SI\neg P$

例如:

① 金属是可以导电的。

所以,金属不是不可以导电的。

② 侵略战争不是正义的。

所以,侵略战争是非正义的。

③ 有些元素是金属。

所以,有些元素不是非金属。

④ 有些成绩不是及格。

所以,有些成绩是不及格。

(二) 换位法

换位法是通过调换直言命题主、谓项的位置得到新命题的推理。例如:

固体不是流动的。

所以,流动的不是固体。

换位法有两条规则:

(1) 不改变前提的质。

(2) 前提中不周延的词项在结论中不得周延。

违反第二条规则的逻辑错误叫作“不当周延”。

按照这两条规则,直言命题 A、E、I、O 的换位公式如下:

SAP ⟶ PIS

SEP ⟶ PES

SIP ⟶ PIS

其中 E 命题、I 命题是正常换位。

A 命题是限量换位,因为 P 在前提中作为肯定命题的谓项不周延,换位后在结论中作为全称命题的主项周延,就要犯“不当周延”的逻辑错误,为避免 P 的不当周延,须把结论由全称命题改为特称命题,这就叫限量换位。

O 命题不能换位。因为 S 在前提中作为特称命题的主项不周延,换位后在结论中作为否定命题的谓项周延,就要犯“不当周延”的逻辑错误。要避免不当周延,就要将结论由否定命题改为肯定命题,但换位的规则要求不改变前提的质。因此,SOP 如果换位,必然要违反规则。所以 SOP 不能换位。例如:

① 铜是导电的。
所以,有些导电的是铜。

② 官僚主义不是人民拥护的。

③ 有些青年是工人。
所以,有些工人是青年。

(三) 换质位法

换质位法是换质、换位相结合的推理方法。例如:

真理是不怕批评的。
所以,怕批评的不是真理。

换质位法的实质是先换质后换位。如上例实质上是将“真理是不怕批评的”

换质为“真理不是怕批评的”，再换位为“怕批评的不是真理”。

换质位法有四条规则：

(1) 改变前提的质。

(2) 以前提谓项的矛盾概念作结论的主项。

(3) 以前提的主项作结论的谓项。

(4) 在前提中不周延的词项在结论中不得周延。

按照这些规则，换质位法的公式如下：

SAP ⟶ PES

SEP ⟶ PIS

SOP ⟶ PIS

其中 A 命题、O 命题是正常换质位。

E 命题是限量换质位，因为 SEP 换位后是 SAP，而 SAP 须限量换位。

I 命题不能换质位。因为 SIP 换位后是 SOP，而 SOP 不能换位。例如：

① 好领导是关心群众的。

所以，不关心群众的不是好领导。

② 塑料不是导体。

所以，有些非导体是塑料。

③ 有些善意的行为不是合法的行为。

所以，有些非法的行为是善意的行为。

二、对当关系推理

对当关系推理是根据直言命题的对当关系进行的推理，在各种对当关系中。“可以同真”“可以同假”“不必同假”“不必同真”不能成为推理依据。只有“不可同真”“不可同假”“必同真”“必同假”才能作为推理依据。

(一) 反对关系推理

根据反对关系“不可同真”的逻辑性质，反对关系推理公式如下：

$A \longrightarrow \neg E$

$E \longrightarrow \neg A$

例如：

① 市场经济是有规律的。

所以，并非市场经济是没有规律的。

② 鲸不是鱼。

所以，并非鲸是鱼。

（二）下反对关系推理

根据下反对关系“不可同假”的逻辑性质，下反对关系推理公式如下：

$\neg I \longrightarrow O$

$\neg O \longrightarrow I$

例如：

① 并非有些事物是静止的。

所以，有些事物不是静止的。

② 并非有些事物不是运动的。

所以，有些事物是运动的。

（三）矛盾关系推理

根据矛盾关系“不可同真、不可同假”的逻辑性质，矛盾关系推理公式如下：

$A \longrightarrow \neg O$

$E \longrightarrow \neg I$

$I \longrightarrow \neg E$

$O \longrightarrow \neg A$

$\neg A \longrightarrow O$

$\neg E \longrightarrow I$

$\neg I \longrightarrow E$

$\neg O \longrightarrow A$

例如：

① 一切新生事物都是美好的。

所以，并非有些新生事物不是美好的。

② 并非所有鸟都会飞。

所以，有些鸟不会飞。

③ 凡事物都不是静止的。

所以，并非有些事物是静止的。

④ 并非所有人都不信仰宗教。

所以，有些人信仰宗教。

⑤ 有些金属是液体。

所以，并非所有金属都不是液体。

⑥ 并非有些事物是静止的。

所以，事物都不是静止的。

⑦ 有些金属不是固体。

所以，并非所有金属都是固体。

⑧ 并非有些金属是导电的，

所以，所有金属都是导电的。

（四）差等关系推理

根据差等关系的逻辑性质，差等关系推理的公式如下：

$A \longrightarrow I$

$E \longrightarrow O$

$\neg I \longrightarrow \neg A$

$\neg O \longrightarrow \neg E$

例如：

① 所有羊是动物。

所以，有些羊是动物。

② 所有官僚主义者都不是受拥护的。

所以，有些官僚主义者不是受拥护的。

③ 并非有些塑料导电。

所以，并非所有塑料导电。

④ 并非有些人不呼吸空气。

所以，并非所有人不呼吸空气。

在日常思维中，下反对关系推理和由全称真推特称真的差等关系意义不大。但在理论研究中，同样有其重要价值。

三、直接推理的应用

（一）命题变形推理的应用

命题变形推理有重要的应用价值。

换质法可以构成对比辞格。例如："思想工作的意义在于发现优点，使人成为英雄，而不在于寻找缺点，把人变成狗熊。"这里的"使人成为英雄"和"把人变成狗熊"并不是矛盾的概念，而是反对概念。但"把人变成狗熊"是"不使人成为英雄"中最重要、最有代表性的内容，因此后面的分句可以由前面的分句必然地推出。

换质法可以增强语言表达的力量。例如："逻辑是能学好的，所以，逻辑不是不能学好的。"如果对表现文章中心的命题进行换质，从正反两方面论述，可以起到突出中心的作用。例如茅盾《白杨礼赞》第四自然段说："那就是白杨树，西北极普通的一种树，然而实在是不平凡的树。"通过质换，强烈地表达了对白杨树的赞美之情。

换质法可以改变谈论角度，进行更有效的说服工作。例如周立波《分马》中，农会积极分子老田头把分到的好马换给了老王太太，老田太太不高兴，老王头就向她做工作："（这马）能治好的……咱们粮食有多的，破上点粮给它吃就行。"老田太太说："到手的肥肉跟人换骨头，我总是心里不甘。"老田头又说："这马又不是不能治好。”这样，既有强调，又有反驳，说服力强。

换位法可以改变思考对象，从而对事物的认识更加全面深刻。例如从“有的企业家是经济学家”就可以推出“有的经济学家是企业家”；从“怕困难不是英雄”就可以推出“英雄是不怕困难的”。

换质位法同样可以改变思维角度，更由于它是由换质法和换位法结合而成，因而可以使思想变得敏捷，提高思维效率。

（二）对当关系推理的应用

各种推理都必须严格遵守规则。对当关系推理同样如此。例如：“并非羊不是动物”，只能推出“有些羊是动物”，而不能推出“羊是动物”。因为由 E 不能推出 A，而只能推出 I。在对当关系推理中，“羊是动物”可由“并非有些羊不是动物”推出。有人会说：我不学逻辑还知道“所有的羊是动物”，学了逻辑，反倒成了“有些羊是动物”。这是什么逻辑？我们说，尽管“羊是动物”是一个真命题，但不是由“并非羊是动物”推出来的。对一个完全没有生物学知识、不知道“羊是动物”的人来说，他毕竟能从“并非羊不是动物”推出“有些羊是动物”。这就是逻辑的作用。下面的例子也许更能说明问题。从“并非该组工人都不是大学毕业生”能推出什么？能推出“该组所有工人是大学毕业生”吗？不能。只能推出“该组有些工人是大学毕业生”。然而事实上，该组所有工人都是大学毕业生，只是你不知道。但“该组有些工人是大学毕业生”毕竟是推出来的。

第三节 三段论

一、什么是三段论

三段论是由两个包含着一个共同词项的直言命题推出一个新直言命题的推理。例如：

所有金属都是导体。

铁是金属，

所以，铁是导体。

一个三段论由三个直言命题组成，两个前提，一个结论，在这三个命题中，包含三个不同的词项，每个词项都出现两次。这三个词项是大项、小项、中项。大项是结论中的谓项，如上例中的“导体”，常用 P 表示。小项是结论中的主项，如上例中的“铁”，常用 S 表示。中项是前提中的共同项，如上例中的“金属”，常用 M 表示。大项所在的前提叫作大前提，小项所在的前提叫作小前提。

三段论的一般形式是

M A P

S A M

―――――

S A P

三词项是三段论的灵魂。因为三段论实质上通过中项的媒介作用确定小项与大项之间关系从而得出结论的。如果不是三个词项，就没有中项，也就无法利用中项的媒介作用得出结论。如果只有两个词项，那就只能组成两个直言命题，根本不可能构成三段论。如果是四个词项，也就没有中项，因而就无法得出结论。例如：

羊是动物。

树是植物，

所以？

应当注意的是三个语词表达四个概念或四个词项的问题。例如：

鲁迅的小说不是一天可以读完的。

《孔乙己》是鲁迅的小说。

所以，《孔乙己》不是一天可以读完的。

这里“鲁迅的小说”这个语词表达了两个不同的概念，在大前提中，“鲁迅的小说”

指鲁迅小说的全部，是个集合概念；而小前提中“鲁迅的小说”指鲁迅的某篇小说，是个非集合概念。三个命题包含了四个概念或者说四个词项，因此，也就无法得出正确结论。这种错误叫作“四词项”或“四概念”。

三段论的价值在于思维当中类的过渡。例如：“羊是动物，动物是生物，所以羊是生物。”这个三段论就是借助于中项“动物”，从“羊”这个类过渡到“生物”这个类。

二、三段论的规则

1. 中项至少周延一次

中项是小项和大项取得某种关系的媒介或桥梁。要求中项至少周延一次，就是为了保证中项的媒介作用或桥梁作用。如果中项两次都不周延，那就可能出现这样的情况：小项与中项的这一部分外延有关系，而大项与中项的那一部分外延有关系。因而小项与大项就不能通过中项建立确定的关系，也就无法必然地推出结论。例如：

牛是动物。

羊是动物。

所以？

这个三段论之所以无法必然得出结论，就是因为中项“动物”在大、小前提中都不周延，“牛”的外延与“动物”的这部分外延相联系，而“羊”的外延与“动物”的那部分外延相联系。“牛”的外延与“羊”的外延也就无法建立确定的关系。

违反这条规则的逻辑错误叫作“中项不周”。

2. 在前提中不周延的词项在结论中不得周延

为了从前提必然地推出结论，结论所反映的事物范围不能超出前提所反映的事物范围。如果在前提中不周延的词项在结论中周延，那么结论所反映的事物范围就超出了前提所反映的事物范围，因而也就无法必然地推出结论。违反这条规则的逻辑错误叫作“不当周延”，可以区别为“大项误周”和“小项误周”两类。例如：

① 牛是动物。
羊不是牛。
所以,羊不是动物。

②《红楼梦》是长篇小说。
《红楼梦》是古典小说。
所以,古典小说是长篇小说。

例①中的大项“动物”在前提中不周延,在结论中周延,犯了“大项误周”的逻辑错误。例②中的“古典小说”在前提中不周延而在结论中周延了,犯了“小项误周”的逻辑错误。

3. **两个否定前提不能得出结论**

否定命题反映的是主项与谓项间互相排斥的关系。如果两个前提都是否定命题,那么,中项与大项相排斥且中项与小项相排斥,中项也就失去了媒介作用,因而小项与大项也就无法建立确定的关系。例如:

硅不是金属。
这种物质不是硅。
所以?

4. **如果前提中有一个是否定的,则结论是否定的**

如果前提中有一个是否定的,另一个就必须是肯定的。这样,大、小项一个与中项相排斥,一个与中项相联系。大、小项经过中项的过渡依然相排斥。所以,结论必然是否定的。例如:

客观规律不是可以违背的。
教育规律是客观规律。
所以,教育规律不是可以违背的。

5. 两个肯定前提不得否定结论

肯定命题反映的是主项与谓项相联系的关系。如果两个前提都是肯定的，那么，大项、小项都与中项相联系，而不是相排斥。所以，结论不能是否定的。例如：

知识就是力量。
逻辑学是知识。
所以，逻辑学是力量。

三段论的每条规则都是三段论有效的必要条件。五条规则合起来就成为三段论有效的充分必要条件。

三、三段论的应用

（一）三段论的倒装式

三段论一般是大前提在前，小前提在后。而在自然语言中也可以倒过来，即小前提在前，大前提在后。例如：

① 铁是金属，而金属是导电的，所以铁是导电的。

② 马克思主义是真理，而真理是不怕批评的，所以马克思主义是不怕批评的。

其逻辑形式是

$$\frac{\begin{array}{c}SAM\\MAP\end{array}}{SAP}$$

（二）三段论的省略式

三段论的语言表达常用省略形式。例如：

① 改革必定成功，因为它是正义的事业。

② 正义的事业必定成功，所以改革必定成功。

③ 正义的事业必定成功，而中国的改革是正义的事业。

例①省略大前提“正义的事业必定成功”。例②省略小前提“中国的改革是正义的事业”。例③省略结论“中国的改革必定成功”。

对于省略形式的三段论，要能够将省略的命题加以补充。补充的方法是将两个出现一次的词项组成一个新的命题。例如：“铁是金属，所以，铁是导体。”其中“金属”和“导体”各出现一次，于是，以这两个词项分别作主项和谓项组成一个命题。由于两个命题都是肯定命题，所以，组成的新命题也必须是肯定命题。如果以“金属”作谓项，就会出现中项不周。所以，以“金属”作主项，以“导体”作谓项。该命题是“金属是导体”。该三段论是“金属是导体，铁是金属，所以，铁是导体。”

省略形式的三段论容易将逻辑错误掩盖起来。只有将省略的命题补充完整，才能发现其逻辑错误。例如，“苹果不是蔬菜，所以苹果不是食物。”其规范形式应当是“蔬菜是食物，苹果不是蔬菜，所以，苹果不是食物。”可知，该三段论犯了“大项误周”的逻辑错误。

在对话中，一个三段论还可能省略两个命题。例如，汽车上有人请一位青年人给老人让座。这位青年说：“我又不是雷锋。”其实，这是一个省略形式的三段论：

雷锋给老人让座，

我又不是雷锋，

所以，我不给老人让座。

当然，这是一个无效的三段论，犯了“大项误周”的逻辑错误。

第七章

命题逻辑

第一节　联言逻辑

一、联言命题

(一) 什么是联言命题

联言命题是反映两个或两个以上事物情况同时存在的命题。例如:

① 李白是诗仙,杜甫是诗圣。

② 刘备字玄德,关羽字云长,张飞字翼德。

联言命题有两个或两个以上的支命题,称作联言支。联言支可用小写字母 p、q、r、s 等表示。联言命题的命题形式是:

p 并且 q

常项“并且”叫作联言联结词。联言联结词也可以写作“$\wedge$”。因此,联言命题的命题形式可写作:

$p \wedge q$

“$\wedge$”读作“合取”,称作“合取词”。因而,联言命题也可称作“合取命题”,联言支，也可称作“合取支”。

（二）联言命题的语言形式

在汉语中，联言命题可用并列复句、递进复句、承接复句或转折复句表达。例如：

① 从门到窗子是七步，从窗子到门是七步。（并列复句）

② 他的画好，他的字更好。（递进复句）

③ 先是狂风大作，然后是暴雨倾盆。（承接复句）

④ 张刚同学住得很远，但从来不迟到。（转折复句）

当联言命题中的某个变项相同时，往往只用一个，而将其他省略。这时，整个语句就成了单句。例如：

① 鲁迅是文学家，思想家，革命家。

② 李白和杜甫都是大诗人。

如果不省略，就有强调的意味。例如：如果说“他是口的巨人，行的高标”则语气一般，而“他是口的巨人；他是行的高标”，就使臧克家对闻一多先生的景仰之情跃然纸上。

联言命题的支命题可以互换。“p 并且 q”与“q 并且 p”是等值的。例如，“李白是诗仙，杜甫是诗圣”也可以说成“杜甫是诗圣，李白是诗仙。”

但有时受到深层语义的制约而不宜互换。例如：

① 康有为和梁启超是戊戌变法的领袖。

② 哥白尼的地动学说不仅带来了天文学上的革命，而且推动了各门科学向前迈进的新时代。

例①的两个事物有主次之分。例②的两个事物有先后之别，也有层次的不同。

（三）联言命题的真值

联言命题的逻辑意义是“各联言支均真”。因此，当全部联言支都真时，该联言命题是真的；否则就是假的。例如：“小张既会英语，又会俄语。”这个联言命题，在两种语言小张确实都会的情况下，它是真的；两种语言都不会时，它是假的；会英语不会俄语时，它是假的；不会英语会俄语时，它也是假的。

联言命题与其支命题的真值关系，可用下面的真值表来表示（“1”表示真，“0”表示假，下同）：

表 2　联言命题真值表

p	q	p∧q
1	1	1
1	0	0
0	1	0
0	0	0

二、联言推理

（一）什么是联言推理

联言推理是依据联言命题的逻辑意义所进行的推理。例如：

① 鲁迅的小说思想深刻，鲁迅的小说语言优美，所以鲁迅的小说文质兼美。

② 这款手机物美价廉，所以这款手机漂亮。

联言命题的逻辑意义是各联言支均真。根据联言命题的逻辑意义，我们可以提出联言推理的两条规则：

（1）肯定每一个联言支，就要肯定联言命题。

（2）肯定联言命题，就要肯定任一联言支。

根据联言命题的这两条规则,联言推理有两种有效式。

(二) 联言推理的合成式

根据联言推理“肯定每一个联言支,就要肯定联言命题”的规则,可以提出联言推理的合成式。其公式如下:

$$\frac{\begin{array}{c}p\\q\end{array}}{p\wedge q}$$

例如:

① 曹操是政治家。
曹操是军事家。
所以,曹操既是政治家,又是军事家。

② 全称否定命题的主项周延。
全称否定命题的谓项周延。
所以,全称否定命题的主谓项均周延。

(三) 联言推理的分解式

根据联言推理“肯定联言命题,就要肯定任一联言支”的规则,可以提出联言推理的分解式。其公式如下:

$$\frac{p\wedge q}{p}$$

例如:

① 我们要培养德智体全面发展的学生,
所以,我们要培养身体健康的学生。

② 特称肯定命题主谓项均不周延。
所以特称肯定命题谓项不周延。

第二节　选言逻辑

一、选言命题

（一）什么是选言命题

选言命题是反映几种事物情况至少有一种存在的命题。例如：

① 或者是你说错了，或者是我听错了。

② 不是鱼死，就是网破。

③ 张老师或者教数学，或者教物理。

④ 灯不亮的原因或者是停电了，或者是保险丝断了，或者是灯泡坏了。

选言命题有两个或两个以上的支命题，称作选言支。选言支也用小写字母 p、q、r、s 等表示。

选言命题的命题形式是：

p 或者 q

其常项“或者”可以写作“$\vee$”，因此，整个命题形式可以写作：

$p \vee q$

“$\vee$”读作“析取”，称作“析取词”。因而，选言命题可称作“析取命题”，其支命题可称作“析取支”。

选言命题在汉语中用选择复句表达。选言命题的表达形式是“……，或者……”；“……，要么……”和“不是……就是……”。

（二）选言命题的真值

选言命题的逻辑意义是“有选言支真”。因此，只要有选言支真，选言命题就真；选言支均假，选言命题就假。例如“小李或者会英语，或者会俄语”这个命题，在小李两种语言均会时真，在小李会英语不会俄语时真；在小李不会英语会俄语时真；在小李英语、俄语都不会时假。

选言命题与其支命题之间的真值关系可用真值表表示如下：

表 3　选言命题真值表

p	q	$p \vee q$
1	1	1
1	0	1
0	1	1
0	0	0

（三）选言命题与联言命题

合取思维与析取思维是既有联系又有区别的两种思维。其联系在于，当支命题全真时，合取命题与相容析取命题均真。但两种思维又有明显的区别，即合取命题的真实条件高，析取命题的真实条件低。这种区别集中地表现在"和"与"或"的不同意义和不同用法。例如"出入校门的师生必须出示工作证和学生证"。这里的"和"用得不恰当，因为这样的话，无论老师还是学生，谁也进不来，谁也出不去。应当说"出入校门的师生必须出示工作证或学生证"。"高等学校的任务是出人才和科研成果"。如果把这里的"和"换成"或"，那就降低了对高等学校的要求。

二、选言推理

选言推理是根据选言命题的逻辑意义所进行的推理。选言命题的逻辑意义是"有选言支真"，根据这一意义，我们可以提出选言推理的两条规则：

（1）否定部分选言支，就要肯定另一部分选言支。

（2）肯定部分选言支，不能否定另一部分选言支。

根据选言推理的规则，相容选言推理有一种有效形式，即"否定肯定式"：

$p \vee q$

$$\frac{\neg p}{q}$$

例如：

① 这句话或者有语法错误，或者有逻辑错误。
这句话没有语法错误。
所以，这句话有逻辑错误。

② 或者是你说错了，或者是我听错了。
你没说错，
所以，是我听错了。

如果违反第二条规则，就要犯“不当否定”的逻辑错误。例如：

① 这句话或者有语法错误，或者有逻辑错误。
这句话有语法错误。
所以，这句话没有逻辑错误。

② 或者是你说错了，或者是我听错了。
你说错了，
所以，我没有听错。

两例都犯了不当否定的错误。

第三节　假言逻辑

一、假言命题

假言命题是反映一事物情况是另一事物情况存在条件的命题。例如：

① 如果谁骄傲了，那么他就要落后。

② 只有深入生活，才能写出好作品。

假言命题有两个支命题，称作假言支。表示条件的假言支叫作“前件”，表示依赖条件而存在的假言支叫作“后件”。根据前件与后件之间的不同条件关系，假言命题可以分为充分条件假言命题、必要条件假言命题、充分必要条件假言命题。

（一）充分条件假言命题

充分条件假言命题是反映前件是后件充分条件的假言命题。例如：

① 如果下雨，地上就湿。

② 学而不思则惘。

例①反映“下雨”是“地上湿”的充分条件。例②反映“学而不思“”是“惘”的充分条件。

充分条件假言命题的逻辑形式为：

如果 p，那么 q

常项“如果……，那么……”可以写作：

$\longrightarrow$

读作“蕴涵”，称作蕴涵词。因此，充分条件假言命题的逻辑形式可以写作：

$p \longrightarrow q$

称作“蕴涵式”。

充分条件假言命题在汉语中用假设复句或充分条件的条件复句表达。其常用的表达式除了“如果……，那么……”外，还有“如果……，就……”“假如……，那么……”“要是……，就……”“只要……，就……”等。

充分条件假言命题的逻辑意义是“有之必然”，即“有前件就一定有后件”。因此，当前件真后件假时（与逻辑意义不符），该命题是假的；而在其他情况下，命题都是真的。例如“如果风调雨顺，那么今年丰收”这个命题在“确实风调雨顺，却没有丰收”的情况下是假的；在“风调雨顺并且丰收”的情况下是真的，在“不风调雨顺却丰收”的情况下是真的，在“不风调雨顺也不丰收”的情况下也是真的。

充分条件假言命题与其支命题间的真值关系，可用真值表表示如下：

表 4　充分条件假言命题真值表

p	q	p⟶q
1	1	1
1	0	0
0	1	1
0	0	1

（二）必要条件假言命题

必要条件假言命题是反映前件是后件必要条件的假言命题。例如：

① 只有年满 18 岁，才有选举权。

② 只有大力发展生产，才能改善人民生活。

例①反映“年满 18 岁”是“有选举权”的必要条件。例②反映“大力发展生产”是“改善人民生活”的必要条件。

必要条件假言命题的逻辑形式是：

只有 p，才 q

常项“只有……，才……”可以写作：

⟵

读作“逆蕴涵”。必要条件假言命题的逻辑形式可以写作：

p⟵q

必要条件假言命题在汉语中用表示必要条件的条件复句表达。除“只有……，才……”外，其表达式还有“除非……，才……”“除非……，不……”。应当注意的是“除非 p，才 q”与“除非 p，不 q”表达的意思是相同的。例如“除非太阳从西边出来，他才改得了”与“除非太阳从西边出来，他改不了”都是强调“太阳从西边出来”是“他能改”的必要条件，也就是强调他改不了。这样的语言现象并非绝无仅有。类似的例子如“我好容易赶上这辆车”和“我好不容易赶上这辆车”表达的意思相同。当然，它们的深层语义结构不同，那是另一回事。

必要条件假言命题的逻辑性质是“无之必不然”，即“没有前件就一定没有后件”。因此，当前件假而后件真时，该命题是假的，在其他情况下，命题都是真的。假如，命题“只有李市长去请，老先生才肯出山”，在“李市长不去请而老先生肯出山”的情况下是假的，而在“李市长去请，老先生肯出山”“李市长去请，老先生不肯出山”“李市长不去请，老先生不肯出山”的情况下都是真的。

必要条件假言命题与其支命题间的真值关系可用真值表表示如下：

表 5　必要条件假言命题真值表

p	q	$p \leftarrow q$
1	1	1
1	0	1
0	1	0
0	0	1

（三）充分必要条件假言命题

充分必要条件假言命题是反映前件是后件充分必要条件的假言命题，简称充要条件假言命题。例如：

① 当且仅当一个三角形是等边三角形，这个三角形是等角三角形。

② 当且仅当一个数能被 2 整除，这个数是偶数。

例①反映“一个三角形是等边三角形”为“这个三角形是等角三角形”的充要条件。例②反映“一个数能被 2 整除”为“这个数是偶数”的充要条件。

充要条件假言命题的逻辑形式是：

p 当且仅当 q

常项“当且仅当”可以写作：

$\longleftrightarrow$

读作“等值”，称作等值词。充要条件假言命题的逻辑形式可以写作：

$$p \longleftrightarrow q$$

“当且仅当”是人工语言。在汉语中没有与之相应的联结词。在汉语中要表达两个事物具有充分必要条件关系，需要借用“当且仅当”这一人工语言。比如上面的例①和例②。或者用一个充分条件假言命题和一个必要条件假言命题的合取。但这个命题不是充要条件假言命题，而是合取命题或联言命题。

有的逻辑书中，“如果 p，那么 q”也能表达充要条件假言命题，例如“如果一个三角形是等边三角形，那么它是等角三角形”。因为“一个三角形是等边三角形”与“一个三角形是等角三角形”是充要条件关系。”这个观点是错误的。其错误在于混淆了客观事物之间的关系与对客观事物的反映。“一个三角形是等边三角形”与“一个三角形是等角三角形”客观上是充要条件关系。但“如果一个三角形是等边三角形，那么它是等角三角形”这个命题并未反映两者之间的充要条件关系，而只反映了两者之间的充分条件关系。看一个命题是哪类命题，只看其常项。“如果 p，那么 q”，就是充分条件假言命题。

还有的逻辑书中，“如果 p，那么 q，并且只有 p，才 q”也能表达充要条件假言命题。例如：“如果一个三角形是等边三角形，那么它是等角三角形。并且只有一个三角形是等边三角形，它才是等角三角形。”这种观点也是错误的。事物之间的某种关系，有时可以用不同的命题来反映。“当且仅当一个三角形是等边三角形，这个三角形是等角三角形。”是充要条件假言命题，其常项或逻辑连结词是“当且仅当”而“如果一个三角形是等边三角形，那么它是等角三角形。并且只有一个三角形是等边三角形，它才是等角三角形。”却是一个联言命题，由一个充分条件假言命题和一个必要条件假言命题构成的联言命题，其主连接词是“并且”。

充要条件假言命题的逻辑意义是“有之必然，无之必不然”，即“有前件就一定有后件，没有前件就一定没有后件”。因此，当有前件而没后件时，前件对后件是不充分的，也就是不充要的，因而该命题假；当没前件却有后件时，前件对后件是不必要的，也就是不充要的，因而该命题假；在前后件均真或前后件均假的情况下，命题真。例如“当且仅当张师傅来，这个难题可以解决”，在“张师傅来了，这个难道却没解决”和“张师傅没来，这个难题却解决了”的情况下都是假的；在

“张师傅来了，这个难题解决了”和“张师傅没来，这个难题没解决”的情况下是真的。

充要条件假言命题与其支命题之间的真值关系可用真值表表示如下：

表 6　充分条件假言命题真值表

p	q	$p \longleftrightarrow q$
1	1	1
1	0	0
0	1	1
0	0	1

（四）蕴涵与逆蕴涵的转换

根据蕴涵与逆蕴涵的逻辑意义，相互之间存在着如下的转换关系。

1. 调换前后件的地位，就改变了条件关系

如果 p 是 q 的充分条件，那么 q 是 p 的必要条件；如果 p 是 q 的必要条件，那么 q 是 p 的充分条件。这种转换关系可用公式表示如下：

$(p \longrightarrow q) \longleftrightarrow (q \longleftarrow p)$。例如：

①“如果下雨，地上就湿”等值于“只有地上湿，才是下雨了”。

②“只有年满 18 岁，才有选举权”，等值于“如果有选举权，那么就满 18 岁。”

这种转换关系，可以派生出如下公式：

$(p \longleftrightarrow q) \longleftrightarrow (q \longleftrightarrow p)$

例如：“一个三角形是等边三角形，当且仅当这个三角形是等角三角形”，等值于“一个三角形是等角三角形，当且仅当这个三角形是等边三角形。”

2. 改变前后件的真值就改变了条件关系

如果 p 是 q 的充分条件，那么非 p 是非 q 的必要条件；如果 p 是 q 的必要条件，那么非 p 是非 q 的充分条件。这种转换关系可用公式表示如下：

(p ⟶ q) ⟷ (非 p ⟵ 非 q)

(p ⟵ q) ⟷ (非 p ⟶ 非 q)

例如：

①“如果下雨，地上就湿”等值于“只有不下雨，地上才不湿”。

②“只有年满 18 岁，才有选举权”等值于“如果不满 18 岁，那么就没有选举权”。

这种转换关系，可以派生出如下公式：

(p ⟷ q) ⟷ (非 P ⟷ 非 q)。

例如：“一个三角形是等边三角形，当且仅当这个三角形是等角三角形”等值于“一个三角形不是等边三角形，当且仅当这个三角形不是等角三角形”。

二、假言推理

假言推理是依据假言命题的逻辑意义所进行的推理。根据假言命题的不同，假言推理可以分为充分条件假言推理、必要条件假言推理、充要条件假言推理。

(一) 充分条件假言推理

充分条件假言推理是依据充分条件假言命题的逻辑意义所行的推理。根据充分条件假言命题的“有之必然”即“有前件必有后件”的逻辑意义，可以提出充分条件假言推理的四条规则。

(1) 肯定前件就要肯定后件。

(2) 否定后件就要否定前件。

(3) 不能靠肯定后件来肯定前件。

(4) 不能靠否定前件来否定后件。

根据充分条件假言推理的规则，充分条件假言推理有两种有效式。

1. 肯定前件式

$$\frac{\begin{array}{c}p \rightarrow q \\ p\end{array}}{q}$$

例如：

如果下雨，地上就湿。
下雨了，
所以，地上湿。

2. 否定后件式

$$\frac{\begin{array}{c}p \rightarrow q \\ \neg q\end{array}}{\neg p}$$

例如：

如果下雨，地上就湿。
地上不湿。
所以，没下雨。

如果违反上述规则，那么推理无效。例如：

如果下雨，地上就湿。
地上湿。
所以，下雨了。

该推理违反了规则(3)，犯了“不当肯定前件”的逻辑错。又如：

如果下雨,地上就湿。
没下雨,
所以,地上不湿。

该推理违反了规则(4),犯了"不当否定后件"的逻辑错误。

(二) 必要条件假言推理

必要条件假言推理是依据必要条件假言命题的逻辑意义所进行的假言推理。必要条件假言命题的逻辑意义是"无之必不然",即"无前件就一定无后件"。根据这一规则,可以提出必要条件假言推理的四条规则。

(1) 否定前件,就要否定后件。

(2) 肯定后件,就要肯定前件。

(3) 不能靠否定后件来否定前件。

(4) 不能靠肯定前件来肯定后件。

根据这些规则,必要条件假言推理有两种有效形式。

1. 否定前件式

$$\frac{p \leftarrow q \quad \neg p}{\neg q}$$

例如:

只有年满18岁,才有选举权。
张三不满18岁。
所以,张三没有选举权。

2. 肯定后件式

$$\frac{p \leftarrow q \quad q}{p}$$

例如：

只有年满 18 岁，才有选举权。
张三有选举权。
所以，张三年满 18 岁。

如果违反上述规则，那么推理无效。例如：

只有年满 18 岁，才有选举权。
张三没有选举权。
所以，张三不满 18 岁。

该推理违反了规则(3)，犯了“不当否定前件”的逻辑错误。又如：

只有年满 18 岁，才有选举权。
张三满 18 岁。
所以，张三有选举权。

该推理违反了规则(4)，犯了“不当肯定后件”的逻辑错误。

(三) 充要条件假言推理

充要条件假言推理是依据充要条件假言命题的逻辑意义进行的假言推理。充要条件假言命题的逻辑意义是“有前件则有后件，无前件则无后件”。根据这一逻辑意义，可以提出充要条件假言推理的四条规则。

(1) 肯定前件，就要肯定后件。

(2) 否定后件，就要否定前件。

(3) 否定前件，就要否定后件。

(4) 肯定后件，就要肯定前件。

根据这些规则，充要条件假言推理有四种有效形式。

1. 肯定前件式

$$\frac{p \longleftrightarrow q \quad p}{q}$$

例如：

一个三角形是等边三角形，当且仅当它是等角三角形。

三角形 ABC 是等边三角形。

所以，三角形 ABC 是等角三角形。

2. 否定后件式

$$\frac{p \longleftrightarrow q \quad \neg q}{\neg p}$$

例如：

一个三角形是等边三角形，当且仅当它是等角三角形。

三角形 ABC 不是等角三角形。

所以，三角形 ABC 不是等边三角形。

3. 否定前件式

$$\frac{p \longleftrightarrow q \quad \neg p}{\neg q}$$

例如：

一个三角形是等边三角形，当且仅当它是等角三角形。

三角形 ABC 不是等边三角形。

所以，三角形 ABC 不是等角三角形。

4. 肯定后件式

$$\frac{\begin{array}{c} p \longleftrightarrow q \\ q \end{array}}{p}$$

例如：

一个三角形是等边三角形，当且仅当这个三角形是等角三角形。

三角形 ABC 是等角三角形。

所以，三角形 ABC 是等边三角形。

第八章

归纳逻辑

第一节 归纳推理

归纳推理是由个别性前提得出一般性结论的推理。例如：

摩擦双手手发热。
用锯锯木头锯片发热。
用锉刀锉铁铁发热。
摩擦双手、锯木头、锉铁都是摩擦。
所以，摩擦生热。

归纳推理可分为完全归纳推理和不完全归纳推理。

一、完全归纳推理

完全归纳推理是根据某类事物的每个对象是否具有某种属性推出该事物全部对象是否具有某种属性的推理。例如：

地球是绕太阳运行的。

金星是绕太阳运行的。

木星是绕太阳运行的。

水星是绕太阳运行的。

火星是绕太阳运行的。

土星是绕太阳运行的。

天王星是绕太阳运行的。

海王星是绕太阳运行的。

地球、金星、木星、水星、火星、土星、天王星、海王星是太阳系的全部大行星。

所以,太阳系的全部大行星都是绕太阳运行的。

完全归纳推理的公式为:

S_1——P

S_2——P

S_3——P

S_n——P

S1、S2、S3、…S_n 是 S 类的全部对象

S——P

由于完全归纳推理考察了一类事物的每一个对象,结论没有超出前提的范围,所以,结论与前提的联系是必然的。因此,完全归纳推理属于必然性推理。

完全归纳推理在归纳推理中不具有典型性,典型意义上的归纳推理是不完全归纳推理。

二、不完全归纳推理

不完全归纳推理是根据某类事物的部分对象是否具有某种属性且未遇反例而推出该类事物全部对象是否具有某种属性的推理。例如:

金导电。

银导电。

铜导电。

铁导电。

锡导电。

金、银、铜、铁、锡都是金属。

未遇一种金属不导电。

所以，金属导电。

不完全归纳推理的公式是：

S_1　　P

S_2——P

S_3——P

Sn——P

S_1、S_2、S_3，…Sn 是 S 类的部分对象，且未遇反例。

S——P

由于不完全归纳推理只是考察了一类事物的部分对象而不是全部对象，结论超出了前提的范围，所以前提与结论之间的联系是或然的。也就是说，它的结论不是可靠的。未遇反例，是不完全归纳推理的重要推理依据。但未遇反例并不等于不存在反例。一旦发现反例，不完全归纳推理的结论就被推翻了。原先，人们看到千千万万的天鹅每一只都是白的，于是得出结论："所有天鹅都是白的。"但后来有人在澳大利亚发现了黑色的天鹅，于是上述结论被推翻。

为了提高不完全归纳推理结论的可靠程度，应当注意两点。

第一，考察和列举的对象越多，结论的可靠程度越高。因为考察的对象越多，遗漏反例的可能性越小。

第二，考察的范围越广，结论的可靠程度越高。因为考察范围越广，遗漏反例的可能性就越小。例如，对双手摩擦生热、锯片摩擦生热、锉刀摩擦生热等多种现象的考察就比只考察双手摩擦现象的范围广，因而结论的可靠程度也就高。

三、归纳推理的应用

归纳推理是一种发现真理的方法。因为归纳推理是由个别到一般的推理，其结论反映了事物的一般规律。演绎推理的大前提正是靠归纳推理获得的。如我们上面谈到的“摩擦生热”这个结论，便是由归纳推理获得的一条真理。

归纳推理也是解决问题的重要方法。数学家高斯小时候就曾用归纳方法很快算出了“1＋2＋3…＋100的和是5 050”。他把1和100相加、2和99相加，3和98相加……50和51相加，并发现每对数的和都是101，这样的数共有50对，“101×50”的结果便是5 050。

归纳推理中，不完全归纳推理用得较多。这是因为事物的对象有时并未全部出现；有时数量太大，使我们无法运用完全归纳推理。因此，在日常思维中，不完全归纳推理有着更重要的使用价值。人们熟知的许多农谚往往是不定全归纳推理的结论。例如，“月晕而风，础润而雨”等。对自然现象的分析是这样，对社会现象的分析也是这样。请看下面的推理。

现代自然科学从文艺复兴前的自然哲学脱胎出来时，既没有科学院，也没有研究员，人们从事科学研究都是在自己职业之外进行的。请看以下事实：被称为科学巨人的达·芬奇，是弗朗西斯一世的臣仆，他的业余研究无所不包，他不仅是画家、雕塑家，而且也是工程师、建筑师、物理学家、生物学家和哲学家。哥白尼是波兰大主教的秘书和医生，天文学是他的业余爱好，他临终时出版的《天体运行论》是具有划时代意义的天文学著作。开普勒是天体力学和现代实验光学的奠基人，他提出的行星运动三定律成了牛顿天文学的基础，但他的正式职业却是编辑。伽利略的职业起初是大学教师，后来任佛罗伦萨的大公爵的首席供奉，他首次提出了“质量”的概念，并创立“电”这个名称。军官笛卡尔把变量引入数学，提出了运动守恒的思想。外交官莱布尼茨发现了微积分，在哲学、物理学、化学、机械、生物、医学等领域都有不少创见。以上这些科学巨匠是16、17世纪首屈一指的著名科学家，正是他们打下了今天自然科学的基础。

18世纪以后，自然科学进入日趋精密化的大发展时期。但是，就是这时候，一大批科学家也恰恰是在业余研究中作出了重要贡献。19世纪三大发现之一的能量守恒的转化定律，是由四个人各自独立提出来的，他们在这个问题上都是业余研究者，焦耳是酿酒商，迈尔是医生，赫尔姆霍兹是生物学教授，格罗夫是律师。生物进化论的先驱者之一拉马克开始是军官，后来是银行职员。达尔文开始学医，以后又学神学。现代遗传学的奠基人孟德尔的职业是牧师，最后又当了修道院院长。乡村教员道尔顿把原子论的观念应用到化学研究上取得了科学史上的重大进展。氧的发现者和现代化学的奠基人拉瓦锡，学历上得到的却是法学学位。发现了磁能生电，从而使电力时代降临人间的，是曾经以订书学徒为职业的法拉第。功勋卓著的化学家戴维，也是学徒出身，业余起家。这些伟大的科学家的伟大成果，都是在业余研究中获得的。

从以上的事实，我们可以得出这样的结论：业余研究也能出第一流的科学成果，出第一流的人才。

第二节 类比推理

一、什么是类比推理

类比推理是根据事物之间的相似性所进行的推理。

当人们了解到两个事物的某些属性相同或相似，并了解到其中一个事物还具有其他属性时，就推想另一个事物也可能具有同样的其他属性。例如，地质学家李四光知道我国松辽地区的地质结构与中亚西亚地质结构相似，并且了解到中亚西亚蕴藏着丰富的石油资源，于是推想我国松辽地区也蕴藏着丰富的石油资源。李四光就是根据这个类比推理，为国家找到了大油田。

类比推理的公式是：

A——abcd

B——abc

———————

B——d

类比推理的依据是事物间的相同性和相似性。但是,两种事物尽管在一系列属性上相同或相似,但毕竟是两种事物,还存在着某些方面的差异。因此,类比推理也是或然性推理。

二、如何提高类比推理结论的可靠程度

为了提高类比推理结论的可靠程度,应当注意以下两点:

第一,前提中的相同属性越多越好。

两个事物的相同属性越多,说明它们的类别越接近,差异越小,因而类比结论的可靠程度就越高。所以,人们在研制新药时,往往在狗、兔子、猴身上做试验,因为这些动物比其他动物与人类有更多的相同属性。

第二,前提中的相同属性与推出属性之间的联系越密切越好。相同属性与推出属性之间的联系越密切,也就越接近事物的本质,因而类比结论的可靠程度越高。例如李四光把松辽平原与中亚西亚类比,结论之所以正确,就因为这样的地质结构适于生成石油。

三、类比推理的应用

类比推理有广泛的应用价值。

类比推理是发现真理的方法。惠更斯的光波学说就是通过水波和声波把光和水、光和声音相类比而提出的。哈维把人的心脏与水泵相比,提出了血液循环学说。康德说:“每当理智缺乏可靠论证时,类比这个方法往往能引导我们前进。”类比也是一种发明创造的方法。鲁班由被锯齿形的草叶划破手,经过类比思维发明了重要的木工工具——锯。

发明创造中的类比与认知发现中的类比,其联想的过程有所区别。认知发现中的联想是从两类事物的某些属性相同,联想到在另一属性上可能相同,而发

明创造中的联想是从某类事物两个属性之间的联系联想到可以通过为某个事物创造一个属性从而让它产生另一种属性，我们需要的属性。鲁班对锯的发明正是这样，他从草叶子的锯齿形和锋利这两种属性的联系，联想到如果把金属片加工成锯齿形，这个金属片一定锋利。

类比推理在社会生活中同样有着广泛的应用。正因为类比推理有它的合理性，所以别人的经验值得学习。然而因为类比推理的结论是或然的，所以别人的经验不能照搬。聪明人在学习别人的经验时，往往会设法使别人的方法与自己的条件相吻合，或对别人的方法加以改造，或使自己适合于别人的方法。

类比方法也可以运用于文学创作。文学创作中的象征手法其逻辑基础就是类比思维。曹植的《七步诗》就是典型的例子："煮豆燃豆萁，豆在釜中泣。本是同根生，相煎何太急?"

类比推理还有着特殊的论证价值。这种价值在于说明"有某种可能"，从而构成对"不可能"的质疑和对"可能"的辩护。

类比方法在教育和教学中有着重要的意义。"启发式"教学原则的"举一反三"正是类比方法的运用。

第三节 判明因果联系的方法

因果联系，是事物之间的一种联系方式。一个或一些现象的存在或发生，引起了另一个或另一些现象的存在或发生，那么，前面发生的现象是原因，后面发生的原因就是结果。这种联系，就叫作因果联系。例如，物体的摩擦引起了物体的温度升高。那么，物体的摩擦就是原因，温度升高就是结果。

事物现象之间的因果联系是普遍存在的。任何现象都有其产生的原因，也都会产生一定的结果。没有无因之果，也没有无果之因。

因果联系在时间上是前后相继的，原因总是在结果之前，结果总是在原因之后。但前后相继的两个事物不一定有因果联系。因果联系是复杂的，有一因一果，也有多因一果、一因多果，还有多因多果。

因果联系是确定的。在同样的条件下，同样的原因一定会产生同样的结果。

例如，在通常的大气压下，水到零度就会结冰。因果联系的这种确定性，使人们可以把握它并利用它。

英国逻辑学家穆勒提出了五种判明因果联系的方法，即求同法、求异法、求同求异共用法、共变法和剩余法，称为穆勒五法。

一、求同法

求同法的思路是这样的：在被研究现象出现的若干场合中，如果只有一个情况是相同的，那么这一情况就是被研究现象的原因或结果。例如：

钟摆有一定的摆动周期。决定摆动周期的原因是什么？人们做了这样的实验，把摆动周期相同的许多钟放在一起，进行比较，这些钟的摆质地不同，形状各异，唯有一点是相同的，这就是摆的长度是相同的，于是得出了这样的结论，摆的长度是决定摆动周期的原因。

求同法的特点是异中求同。其公式如下：

(1) A、B、C——a

(2) A、D、E——a

(3) A、F、G——a

A——a

公式中的(1)(2)(3)表示不同的场合。a 表示被研究现象。A、B、C、D…表示被研究现象的伴随情况。该公式显示，如果在都有被研究现象 a 的各场合出现的各种相关情况中，只有 A 是相同的，那么，A 就是 a 的原因或结果。

求同法不是一种必然有效的方法。因为很可能：第一，共同情况 A 也许与被研究现象无关。第二，A 本身不是被研究现象的原因或结果，真正的原因或结果还在 A 的内部。第三，也许真正的原因或结果在于表面上看起来不同的情况之中所包含的共同因素。例如：人们发现，在沼泽地带很容易患疟疾，所以认为沼泽地带是引起疟疾的原因。后来人们才进一步发现，引起疟疾的原因是沼泽地带的一种叫作疟蚊的蚊子的叮咬。这一例子说明，被研究现象的原因可能在 A 的内部。

又如，据说有三位科学家想搞清楚究竟是什么东西使人醉的。他们一起来到酒店喝酒，第一位科学家喝的是白兰地，第二位科学家喝的是伏特加，第三位科学家喝的是威士忌。然后他们都喝了水。后来他们都醉了。事后，他们想，对他们三个人的醉来说，只有一种情况是相同的，那就是，都喝了水，于是他们断定，喝水是使人醉的原因。显然，这个结论是错误的，他们醉的原因是不同的酒当中所含的相同的酒精成分。这个例子告诉我们，真正的共同情况也许在表面上看起来不同的 B、C、D、E…当中。必须作进一步的分析，才能找到。

二、求异法

求异法的思路是这样的：如果被研究现象出现的场合和被研究现象不出现的场合中，只有一个差别，其他情况都相同。这一差别是被研究现象出现的场合存在某一情况，而被研究现象不出现的场合不存在这一情况。那么，这一情况就是被研究现象的原因或结果。例如，把两个相同的电铃放在两个相同的玻璃罩中，把其中的一个玻璃罩抽成真空。接通电源，可以听到非真空中的电铃响，而听不到真空中的电铃响。这说明，空气是声音传播的原因。

求异法的特点是同中求异。其公式如下：

ABC——a

/BC——/

————————

A——a

这里的场合(1) 有被研究现象 a，叫作正面场合。场合(2) 没有被研究现象 a，叫作反面场合。在这两个场合，只有一个差别，即正面场合有情况 A，而反面场合没有情况 A，那么，A 是 a 的原因或结果。

求异法也不是一种普遍有效的方法。因为，在正面场合中，也可能还存在着未被发现的区别情况。或者，真正的原因或结果在区别情况的内部。例如，有位学生一上课就头疼，不上课就好了。开始，他以为头疼的原因是上课听讲，怕是患了神经衰弱征。经过医生检查，查明他并没有神经衰弱。后来才发现，这位学生上课戴的那副近视眼镜不合适。正是那副眼镜才是头疼的原因。

求异法虽然并非普遍有效，但要比契合法有更大的可靠性。因为它不仅有正面场合，也有反面场合，而且在两个场合中其他情况完全相同。因此差异法经常被用于实验。例如,为了搞清一种新的教学方法是否能够提高教学质量,就可以用差异法进行实验。在实验中,让同一位教师教学,让水平相同的两班学生作为实验班,使用同一套教材。使不同的教学方法成为仅有的区别:甲班用旧的教学方法,乙班用新的教学方法。如果乙班的教学质量高,那么,新的教学方法是提高教学方法的原因。

三、求同求异并用法

求同求异并用法的思路是:如果在出现被研究现象的一组场合中都有一个共同情况,而在不出现被研究现象的一组场合中都没有这一情况,那么,这个情况与被研究现象之间存在着因果联系。例如,种植大豆、蚕豆、豌豆能增加土壤中氮的含量,而种植麦子、水稻、油菜等植物不能增加土壤的含氮量。后来人们发现,大豆、蚕豆、豌豆的根部都有叫作根瘤的突起物,而麦子、水稻、油菜等作物都没有根瘤。于是得出结论,根瘤是土壤增氮的原因。

求同求异并用法的特点是既求同又求异,或者说小求同,大求异。其公式是:

① ABC——a

② ADE——a

③ AFG——a

① /CD——/

② /EF——/

③ /GH——/

A——a

上面的公式显示,有两组场合:正面场合、反面场合。正面场合都有被研究现象 a,并且都有相关情况 A,而反面场合都没有被研究现象 a,并且都没有相关情况 A。正面场合与反面场合的相关情况根本区别只有一个,那就是前者有 A 而后者没有 A,所以 A 是 a 的原因或结果。

求同求异并用法与求同法和求异法的相继应用是不同的。事实上它是两次求同一次求异，而这两次求同和一次求异又是结合在一起进行的，因而是一种独立的方法。由于它既求同又求异，因此其结论的可靠性更大一些。

四、共变法

共变法的思路是：如果某一现象发生一定程度的变化时，另一现象也随之发生一定程度的变化，那么，这两个现象之间有因果联系。例如，热胀冷缩的规律就是运用共变法得出的结论。人们发现，物体的体积会随着温度的升高而增大，温度越高，体积越大，于是得出了上述结论。

共变法的公式是：

① A_1BC——a_1

② A_2BC——a_2

③ A_3BC——a_3

——a

该公式显示：被研究现象 a 的程度变化与相关情况 A 的程度变化一致。而其他情况都没有变化。那么 A 是 a 的原因或结果。运用共变法应当注意如下两点：

第一，共变现象之间不一定都有因果联系。例如，雷与闪是共变现象，闪越大则雷越大。其实，这两者之间并无因果联系，它们都是空中自然放电现象的共同结果。

第二，有因果联系的共变关系，也往往有一定的限度。超出了这个限度，共变关系也将消失。例如，物体的热胀冷缩就是有限度的，水在摄氏零度以下体积不仅不缩小而且反而增大。又如某种营养物质的摄入会增进健康，这是共变的，但超过了一定限度，就不仅不会增进健康，而且会损害健康。

五、剩余法

剩余法的思路是：如果某一复合情况是另一复合现象的原因，而复合情况中的某些部分是复合现象某些部分的原因，那么其余情况就是这一复合现象其余部分的原因。例如，居里夫妇发现镭就运用了剩余法。他们已经知道纯铀的放射线强度，但是他们又发现一定量的沥青矿石所发出的放射线的强度要比其中所含纯铀所发生的放射线强度大许多倍，于是他们断定，沥青矿石中一定还有其他放射性极强的元素，于是他们在沥青矿石中提炼出了镭。

A B C D ——abcd

B——b

C——c

D——d

A——a

该公式显示：相关情况 ABCD 是被研究现象 abcd 的原因，并且 B、C、D 分别是 b、c、d 的原因。那么，A 是 a 的原因。运用剩余法应当注意剩余情况 A 可能只是 abcd 复合原因的一部分，而不是 a 的原因。

判明因果联系的方法所得的结论都是或然性的。在运用时应当注意其合理性，努力提高结论的可靠程度。比如，这些方法的综合运用将提高结论的可靠程度。例如摩擦生热的结论，可以通过求同法获得，那就是几种不同的事物摩擦都生热。也可以通过求异法获得，锯片不锯木头时不热，锯木头就热。还可以通过共变法获得，那就是锯一会儿微热，锯时间长就烫手。经过这几种方法的检验，结论就可靠得多了。

第九章

逻辑规律

第一节 同一律

一、同一律的内容

同一律的内容是:在同一思维过程中,每一思想与其自身同一。其公式是:

$$A = A$$

和

$$P \rightarrow P$$

同一律要求人们,在同一思维过程中所使用的概念和命题必须是确定的,其含义和范围不得随意改变。公式 A=A 是同一律在概念方面的表现。也就是说,使用一个概念,必须有确定的内涵和外延,不能随意增加或减少内涵,也不能随意扩大缩小外延。例如,“马”这个概念就是“马”这个概念,既不等于“白马”这个概念,也不等于“动物”这个概念。公式 P→P 是同一律在命题方面的表现。也就是说,使用一个命题,肯定什么就是肯定什么,否定什么就是否定什么。“语言与思维是有联系的”这个命题,就是“语言与思维是有联系的”这个命题,不等于“语言和思维是没有区别的”。“有些鸟会飞”这个命题只反映了“有些鸟会飞”这样一个事实,并没有反映“还有些鸟不会飞”那样的事实。“有些羊是动物”这个命题反映了有些羊是动物,并没有反映所有的羊都是动物那样的事实,也没有反映有些羊不是动物。一个命题是真的，就是真的；一个命题是假的，就是假的。

二、违反同一律的逻辑错误

（一）偷换概念

违反同一律在概念方面的表现是偷换概念，或者叫作混淆概念。偷换概念就是把不同的概念当作同一概念来使用。例如：

我对于法律上规定“公开审判应当有律师为被告辩护”有意见。怎么？罪犯还会有理？还要有人替他辩护？请问这是站到什么立场上去了！

“被告”与“罪犯”是交叉关系的两个不同的概念。二者不同一。这里恰恰把这两个不同的概念当作同一个概念来使用，犯了偷换概念的逻辑错误。

偷换概念在很多情况下是由一个语词表达两个不同的概念引起的。例如：

顾客：同志，这儿有好烟吗？

售货员：这儿的烟都是好烟，我们从来不卖变质的烟。

顾客说的“好烟”指“高档烟”，而售货员说的“好烟”是指“没变质的烟”。售货员犯了偷换概念的逻辑错误。

三段论中的四词项错误就是混淆概念而违反同一律的具体表现。

（二）转移论题

违反同一律在命题方面的表现就是转移论题，或者叫作偷换论题。转移论题就是把不同的命题当作同一命题来使用，从而使议论离开了原来的论题。例如，马克思主义有一个重要观点：“人们的经济地位决定人们的意识。”而有人却把它篡改成“吃饭决定思想体系”。这是对马克思主义的歪曲。从逻辑上说，就是犯了“转移论题”的错误。

写作当中的“走题”或“跑题”，其实也是转移论题。例如，有人写一篇题为

“人贵有志”的文章，在开头说“人必须有志向，有理想”之后，就笔锋一转，大谈特谈“有了志向必须奋斗才行。没有奋斗，理想就成了空想”。那么请问，这篇文章究竟要写“人贵有志”还是“人贵奋斗”？

有些逻辑书把淆清概念和偷换概念当作两种不同的逻辑错误。认为无意识地将两个不同的概念当作同一概念使用是混淆概念，故意地将两个不同概念当作同一概念使用是偷换概念。同样，把转移论题和偷换论题也看作两种不同的逻辑错误，其区别也规定为无意和故意。其实，这种区别是不必要的，也是行不通的。因为，无意或有意是心理学上的区别，并不是逻辑上的。即使心理上有那样的不同，但在逻辑上实质是一样的，没有区别的。或者说，这种区别在逻辑上是没有意义的。

三、正确理解同一律

同一律的作用在于保持思想的确定性。也就是要在同一思维过程中保持思想的一致性。所谓同一思维过程，指的是同一时间、同一关系、同一方面对同一对象而言。同一律并不否认事物是发展变化的，因而人的思想也要随之发展变化。但同一律是从静态的横断面上来把握事物的。例如，在亚里士多德时代，人们认为地球是宇宙的中心。而在哥白尼时代，人们认为太阳是宇宙的中心。现在我们认为宇宙是没有中心的。但我们在讨论问题的时候，不能既说宇宙有中心，又说宇宙没有中心，不能一会儿说地球是宇宙的中心，一会儿又说太阳是宇宙的中心。因此，把同一律曲解为否认认识发展的形而上学是毫无根据和完全错误的。

第二节　矛盾律

一、矛盾律的内容

矛盾律的内容是：在同一思维过程中，两个互相矛盾的思想不能同真。矛盾律也叫作不矛盾律。其公式是：

$$A \neq 非A$$

和

$$\neg(p \wedge \neg p)$$

矛盾律告诉人们，两个互相矛盾的思想不可能都是真的，其中必有一假。矛盾律要求人们，在同一思维过程中，对于具有矛盾关系的两个思想不能都加以肯定。公式 A≠非 A，是矛盾律在概念方面的表现。第一，同一个概念不能既反映一个对象，又反映与它相反的事物。例如，“哺乳动物”这个概念不能既反映有乳腺的脊椎动物，又反映无乳腺的脊椎动物。第二，不能用两个矛盾关系的概念反映同一对象。例如，如果用 A 来表示“哺乳动物”，就不能用非 A 来表示“哺乳动物”。第三，概念本身不能有自相矛盾的内容。例如，“方而圆的桌子”“不能导电的金属”。因为，如果一个桌子是方的，就不可能是圆的；如果一个桌子是圆的，就不可能是方的。如果一个事物是金属，它就能导电；如果一个事物不能导电，它就不是金属。公式$\neg(p \wedge \neg p)$是矛盾律在命题方面的表现。第一，一个命题不能既反映对象具有某种属性，又反映该对象不具有该属性。第二，一个命题不能既是真的，又是假的。例如，“有些鸟不会飞”是真的，它就不是假的。第三，一个命题是真的，那么它的矛盾命题就一定是假的。例如，“有些鸟不会飞”是真的，那么“所有鸟都会飞”就是假的。

由于两个矛盾关系的思想不能同真，所以，两个反对关系的思想也不能同真。例如，如果我们用“马”这个概念反映事物是正确的，那么用“牛”这个概念反映同一个事物就是不正确的，因为“牛”与“马”这两个概念之间是反对关系。又如，“羊是动物”这个命题真，那么“羊不是动物”就一定是假的。反对关系的思想不能同真，是由矛盾关系的思想不能同真所包含着的，或者说，是由矛盾关系的思想不能同真推出来的。因为“非马”和“马”不能同真，那么“牛”作为“非马”这个概念的种概念和“马”当然不能同真。因为“羊是动物”真，“有些羊不是动物”必假，那么，根据差等关系“羊不是动物”也必假。

有些逻辑书把“矛盾律”表述为“两个互相否定的思想不能同真”。这样的表述不理想，因为这里的“互相否定”是不明确的。所以往往还要加以解释：“互相否定的思想”指的是“矛盾关系或反对关系的思想”。有些逻辑书把“矛盾律”表述为“两个矛盾关系或反对关系的思想不能同真”。这样的表述也不理想。因为

“反对关系的思想不能同真”与“矛盾关系的思想不能同真”不在一个平面上，“反对关系的思想不能同真”是从“矛盾关系的思想不能同真”推导出来的。作为思维基本规律的逻辑规律应当表达最深刻的思想。所谓“通道必简”。

二、违反矛盾律的逻辑错误

违反矛盾律的逻辑错误叫作“自相矛盾”。例如：

“所有鸟都会飞，只有鸵鸟不会飞。”

“鸵鸟不会飞”就说明“有些鸟不会飞”。“有些鸟不会飞”与“所有鸟都会飞”是矛盾关系的两个命题，不能同真，这里同时加以肯定，犯了自相矛盾的逻辑错误。自相矛盾最典型的例子就是《韩非子》里那个卖矛又卖盾的人说的话：“吾盾之坚，物莫能陷也……吾矛之利，于物无不陷也。”如果“吾盾之坚，物莫能陷”真，那么“吾矛之利，于物无不陷”必假，如果“吾矛之利，于物无不陷”真，那么，“吾盾之坚，物莫能陷”必假。此人对这两个矛盾关系的命题同时加以肯定，违反了矛盾律。在二难推理一节，我们曾谈到这个例子，这里我们要进一步指出的是，违反矛盾律必然使自己陷入两难的境地。

自相矛盾，也是常见的语病之一。例如：

① 云霞满天，晴空万里，真是大好春光啊！

② 那个青年将近 20 多岁。

例①中“云霞满天”和“晴空万里”相矛盾。例②中“将近 20 岁”与“20 多岁”是矛盾关系，这两例都犯了“自相矛盾”的逻辑错误。

三、正确理解矛盾律

矛盾律的作用在于保证思想的无矛盾性。这种无矛盾性也是限定在同一思维过程中的，也就是指同一时间、同一关系、同一方面对于同一对象的思维不能自相矛盾。

谈到矛盾律的时候，我们必须将逻辑矛盾和辩证矛盾区别开来。我们承认客观世界普遍存在着矛盾，承认事物的对立统一规律。但这些矛盾是辩证矛盾。例如，我们说：“雷锋是平凡的，又是伟大的。”其中的“平凡”指他的工作岗位和事迹；而“伟大”是指他的精神和价值。再如，臧克家的诗：“有的人死了，他还活着。”其中“死了”是指自然生命的结束；“活着”是指精神永存。这样的矛盾是从不同的角度对事物的认识，因而属于辩证矛盾。因而不违反矛盾律。如果说某人的“自然生命结束了”，又说他“自然生命没有结束”，那就是逻辑矛盾，就违反了矛盾律。

四、关于悖论

悖论是与逻辑矛盾有关的一种命题。这样的一个命题可以推出与它相反的命题；或者如果断定这个命题真，就可以推出它假，断定它假，就可推出它真。历史上发现最早的悖论，是古希腊的“说谎者悖论”，它可以表述为“我正在说谎”。问题在于，这句话是真的还是假的？如果这句话是真的，那么这句话是假的，如果这句话是假的，那么这句话是真的。在现代，有著名的罗素悖论：“一切不是自身分子的集合所构成的集合。”

在历史上，悖论曾经被认为是一种无聊的诡辩或文字游戏。随着现代数学等科学的发展，悖论逐渐引起了人们的重视，认为悖论的研究对逻辑学、数学、物理学、语言学和哲学等都有重大的意义。

悖论研究的主要内容是，悖论的类型、悖论的实质、悖论的成因和悖论的解决办法。比如，人们认为涉及自身是形成悖论的原因之一，因而解决悖论的办法之一就是不涉及自身，其具体方法是区别对象语言和元语言：一句话如果看作对象语言，就不应同时看作元语言；如果看作元语言，就不应同时看作对象语言。例如，说谎者悖论“我正在说谎”。如果把它看作元语言，那么这句话的所指是它的对象语言是假话，而不能把这句话当作对象语言认为它也是假的。如果把它看作对象语言，那就不能根据它的真假所包含的语义作进一步的分析，因为它不能同时看作元语言。语言层次理论能够解决一部分悖论，但不能彻底解决悖论。

关于悖论的性质，有人认为它就是逻辑矛盾，有人认为它是辩证矛盾，有人认为它是形式上的逻辑矛盾和实质上的辩证矛盾，有人认为它既不是逻辑矛盾，也不是辩证矛盾，而是另一类思维矛盾。总之，悖论的研究方兴未艾。悖论的解决将使人类的认识提高到一个新的水平。

五、运用矛盾律解决问题

矛盾律不仅具有规范性，而且具有工具性，可以直接用来解决实际问题。请看下面的例子。

某家珠宝店一颗钻石被盗。现查明罪犯是赵、钱、孙、李中的一人。四人口供如下。

赵：不是我偷的。

钱：李是罪犯。

孙：钱是罪犯。

李：不是我偷的。

已知四人中只有一人说假话。

请问：罪犯是谁？为什么？

答：罪犯是钱。因为钱的话"李是罪犯"和李的话"不是我偷的"是矛盾关系。根据矛盾律，这两句话不能同真，必有一假。又已知四句话中只有一假，可见假话就在钱、李两人中。因此，孙的话"钱是罪犯"是真的。所以罪犯是钱。

第三节　排中律

一、排中律的内容

排中律的内容是：在同一思维过程中，两个互相矛盾的思想不能同假。其公式是：

A 或者非 A

和

$p \vee \neg p$

排中律告诉人们，两个互相矛盾的思想不可能都是假的，其中必有一真。排中律要求人们，在同一思维过程中，对于矛盾关系的两个思想不能都加以否定。公式“A 或者非 A”，是排中律在概念方面的表现。第一，对于同一对象，或者用 A 来反映它，或者用非 A 来反映它，这种反映不可能都是错误的，而是必定有一个是正确的。例如，一个事物或者是“马”，或者是“非马”。第二，用一个概念反映一个事物或者反映这个事物的对立面，其中总有一种反映是正确的。例如，同一个概念反映金属，或者反映非金属，总有一种反映是正确的。$p \vee \neg p$ 是排中律在命题方面的表现。第一，一个命题不能既不是假的，又不是真的。例如，“羊是动物”不是假的，所以它是真的。第二，一个命题是假的，那么它的矛盾命题就一定是真的。例如，“所有鸟都会飞”是假的，那么，“有些鸟会飞”就一定是真的。

由于矛盾关系的两个思想不能同假，所以，下反对关系的两个思想也不能同假。例如，“有些羊不是动物”和“所有羊是动物”不能同假，所以，“有些羊不是动物”和“有些羊是动物”也不能同假。下反对关系的两个思想不能同假，是由矛盾关系的两个思想不能同假所包含的，或者说，是由矛盾关系的两个思想不能同假推出来的。因为，“有些羊不是动物”假时，“羊是动物”必真，所以根据差等关系，“有些羊是动物”也必真。

二、违反排中律的逻辑错误

违反排中律的逻辑错误叫作“两不可”。例如，有人说“‘世界是物质的’不对，‘世界不是物质的’也不对”，就违反了排中律，犯了两不可的逻辑错误。又如，在讨论应该不应该有个人志愿这个问题时，有人说，“有个人志愿不好，没有个人志愿也不好”。显然，此人说的话违反了排中律，犯了两不可的逻辑错误。

三、正确理解排中律

排中律的作用在于保证思想的明确性。排中律要求人们对于矛盾关系的两个思想不能同时加以否定。但排中律不适用于反对关系。反对关系的两个思想是可以同假的。就概念而言,“正确”和“错误”是矛盾关系的,“生”和“死”是矛盾关系的,但“大”与“小”,“黑”与“白”,“老年”和“少年”却都是反对关系的。对于反对关系的两个概念可以都加以否定。例如,有一种颜色,既不是“黑色”,又不是“白色”,它可能是红色,也可能是蓝色。就命题而言,SAP 与 SOP 是矛盾关系的,但 SAP 与 SEP 却是反对关系的,因此,SAP 与 SEP 可以同假。例如,“所有鸟都会飞”与“所有鸟都不会飞”都是假的。“所有细菌都是有害的”与“所有细菌都不是有害的”也都是假的。即使对于两个反对关系的命题都加以否定也不违反排中律。例如,有人说“并非所有金属都导电,也并非所有的金属都不导电”。这个人的话并不违反排中律。当然,这个人的话是错误的,但这是认识错误而不是逻辑错误。

另一方面,排中律并不排除人们在认识过程中,由于对事物尚未作出明确断定时而采取“二不择一”的态度。例如,有人说“我还没有决定是否考研”,这话是不违反排中律的。这种“二不择一”的态度在外交活动中很常见。在其他政治活动中也允许“二不择一”。比如在表决中弃权。

四、运用排中律解决问题

排中律与矛盾律一样,不仅具有规范性,而且具有工具性,可以直接用来解决实际问题。请看下面的例子。

> 三个小孩玩耍时,其中有人打碎了玻璃。
> 甲说:“不是我打碎的。”
> 乙说:“不是我打碎的。”
> 丙说:“是甲打碎的。”

据目击者说，三个小孩只有一个说了真话。

请问究竟是谁打碎了玻璃？为什么？

答：乙打碎的。因为甲的话“不是我打碎的”和丙的话“是甲打碎的”是矛盾关系的。按照排中律，两句话不能同假，其中必有一真。而根据题意，三句话中只有一真。因此，真话必在甲、丙之中。因而乙的话“不是我打碎的”必假。所以，打碎玻璃的正是乙。

第四节 逻辑规律总说

一、逻辑规律的性质

逻辑规律是关于思维形式的最基本、最一般的规律，是人类长期思维实践的正确反映和最重要的经验总结。这些规律，归根结底，都是为了保证思想的正确性。逻辑规律和各种思维形式的逻辑规则是一般和特殊的关系。逻辑规律是逻辑规则的一般抽象；逻辑规则是逻辑规律的具体表现。因此，逻辑规律在各种思维形式和一切思维过程中都起作用。

逻辑规律是正确思维的必要条件，因而带有规范性和强制性。任何正确的思维都必须遵守逻辑规律。不遵守逻辑规律，或者说违反逻辑规律的思维必定是错误的思维。逻辑规律同任何真理一样，也有着局限性。我们强调逻辑规律是正确思维的必要条件，但同时也承认逻辑规律不是正确思维的充分条件。比如，一个推理要得到真实的结论，必须前提真实并且推理形式有效。但逻辑只管推理形式的有效性而不管前提的真实性。因此，逻辑只能保证从真实前提得出真实结论，却不能保证在任何情况下得出真实结论。正因为这样，符合逻辑规律的思想不一定就是正确的思想。从另一个角度说，有错误的思想不一定都有逻辑错误。比如，一支红色的铅笔，有人说它是蓝色的，这种错误是认知错误而不是逻辑错误。又如，说“羊不是动物”也不是逻辑错误，或者说并不违反逻辑规律。说“羊是动物，并且羊不是动物”才违反逻辑规律，才是逻辑错误。

二、三条规律的一致性

同一律、矛盾律、排中律这三条逻辑规律有其必然的联系，它们是相通的，一致的，但又有所区别，有各自的特点。同一律是最根本的出发点，即保证思想的确定性，或者说同一性。矛盾律和排中律从不同的侧面来保证思想的确定性。矛盾律强调每一思想不能既是真的，又是假的，要求思想的无矛盾性。排中律强调每一思想不能既不是真的又不是假的，要求思想的明确性。归根结底，都是为了保证思想的确定性。

同一律、矛盾律、排中律的三个公式：

$$p \longrightarrow p$$

$$\neg (p \land \neg p)$$

$$p \lor \neg p$$

都是重言式，是互相等值的，可以互相转换。

表 7　转换表

p	¬ p	p ⟶ p	¬ (p ∧ ¬ p)	p ∨ ¬ p
1	0	1	1　0	1
0	1	1	1　0	1

这从形式上说明了三条逻辑规律是相通的，一致的。

三、矛盾律与排中律的区别

矛盾律与排中律都是从一定侧面保证思想的确定性，容易混淆，因此有必要加以明确的区别。

1. 逻辑要求不同

矛盾律要求互相矛盾的思想不能同真，排中律要求互相矛盾的思想不能同假。

2. 适用范围不同

矛盾律适用于矛盾关系和反对关系；排中律适用于矛盾关系和下反对关系。

这种区别可用下面的图来表示：

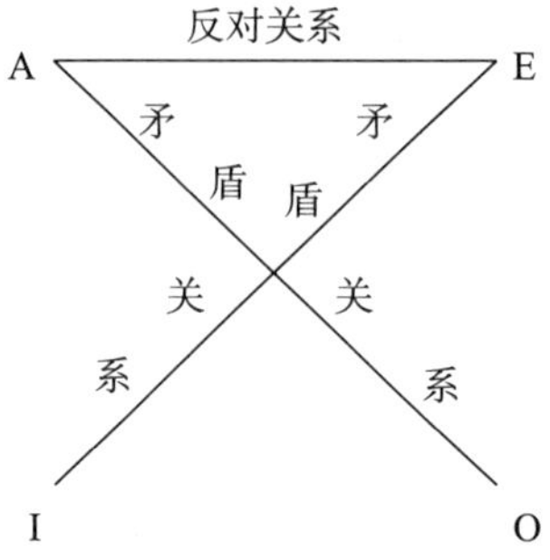

图 15　矛盾律的适用范围

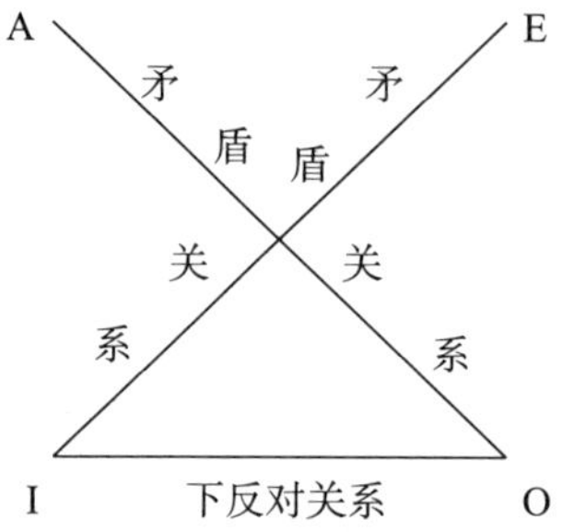

图 16　排中律适用范围

3. 作用不同

矛盾律可以用来以真推假：矛盾关系或反对关系的两个命题如果一个真，那么另一个必假。排中律可以用来以假推真：矛盾关系或下反对关系的两个命题如果一假，那么另一个必真。

第十章

逻辑谬误

谬误有广义、狭义之分。广义的谬误与真理相对，指一切不符合客观实际的认识或言论。狭义的谬误，指的是推理或论证中的逻辑错误。这里所说的谬误，是狭义的谬误，即推理或论证中的逻辑错误。

研究谬误，是为了排除谬误，因为谬误会干扰人们的正确思维和有效交际。研究谬误，分析各种谬误的表现形式及其实质，弄清谬误的来龙去脉，以便消除谬误，正是逻辑学的使命。因为逻辑以保障人类的正确思维为自己的天职。逻辑学历来有研究谬误的传统。逻辑学的开山大师亚里士多德，就十分重视对于谬误的研究。他的《工具论》中有大量关于谬误理论的阐述。其中的《前分析篇》分析了有关推理形式的谬误，《修辞学》探讨了演说中的谬误，《辨谬篇》更是专门研究谬误的文献。古代印度的因明称谬误为“妄”和“过”，中国古代的名辨称之为“惑”和“悖”。

如果有意地违反逻辑规律进行似是而非的论证，攻击真理或者为错误观点辩护，那就是诡辩。黑格尔说：“诡辩这个词通常意味着以任意的方式，凭借虚假的根据，或将一个真的道理否定了，弄得动摇了，或将一个虚假的道理弄得非常动听，好像真的一样。”但是正如鲁迅所说：“捣鬼有术，也有效，然而有限。”在逻辑的阳光照耀下，任何诡辩必将原形毕露。

谬误五花八门，形形色色。正所谓“真理只有一件朴素的外衣，谬误却把自己打扮得五光十色”。对谬误进行分类，是谬误研究的重要方法。谬误可以有不同的分类。亚里士多德把谬误分为与语言有关的谬误和与语言无关的谬误。日本逻辑学家藤野·登将谬误分为演绎谬误、归纳谬误和类推谬误。我国的陈宗明先生把缪误分为语形谬误、语义谬误、语用谬误。比较通行的是将谬误分为形式谬误和非形式谬误。后两种分类有其相通之处,因为语形谬误其实就是形式谬误,语义谬误和语用谬误都是非形式谬误。本书采用一般的分类,将谬误分为形式谬误和非形式谬误。

第一节 形式谬误

形式谬误,其实就是违反形式逻辑规则的谬误。在命题逻辑和词项逻辑中,我们在阐述各种规则和有效推理形式时,伴随着分析了相关的谬误。这里我们再把这些谬误梳理一下,以便于我们对于谬误的分析和批判。

一、命题逻辑中的形式谬误

1. 不当排斥

所谓不当排斥,就是通过对选言命题中部分选言支的肯定来否定另一部分选言支。例如,曹操或者是军事家,或者是政治家。曹操是著名的军事家,所以曹操不是政治家。

2. 不当否定后件

不当否定后件,指的是在充分条件假言推理中通过否定前件来否定后件。例如:“如果我考试作弊,我应当受到处分。我考试从未作弊,为什么要处分我?”

3. 不当肯定前件

不当肯定前件,指的是在充分条件假言推理中,通过肯定后件来肯定前件。例如:“如果你得了肺炎,就会发烧。你现在发烧了,所以你得了肺炎。”

4. 不当肯定后件

不当肯定后件,指的是在必要条件假言推理中,通过肯定前件来肯定后件。例如,有人因为酒气扑鼻被拦在游泳馆门外。此人说:“你这牌子上不是写着‘会游泳方可进入’吗？我会游泳，为什么不让我进去？”牌子上的话说明“会游泳”是“可以进入”的必要条件。此人就犯了必要条件假言推理不当肯定后件的错误。

5. 条件颠倒

条件颠倒，是指随意调换假言命题的前件和后件。例如：“如果一个推理是三段论，那么它是演绎推理。所以如果一个推理是演绎推理，那么它是三段论。”本来“一个推理是三段论”是“一个推理是演绎推理”的充分条件，这里却把“一个推理是演绎推理”换成了“一个推理是三段论”的充分条件。

6. 强否定

强否定是指从对一个联言命题的否定推出对每个联言支的否定。例如：“并非老王既会英语、又会俄语，所以老王既不会英语，又不会俄语。”

7. 弱否定

弱否定是指从对一个选言命题的否定推出至少否定一个选言支。例如：“并非小李或者喜欢象棋，或者喜欢围棋，所以小李或者不喜欢象棋，或者不喜欢围棋。”

二、词项逻辑中的形式谬误

1. 无效换位

全称肯定命题的换位推理应当是限量换位，如果不限量，那就犯了无效换位的错误。例如：“所有小说家都是作家，所以所有作家都是小说家。”

2. 差等误推

差等误推，是指根据一个全称命题的假，推出一个特称命题的假。例如：“并非所有细菌都是有害的，所以并非有些细菌是有害的。”

3. 非此即彼

非此即彼，是指从一个全称命题的假，推出另一个全称命题的真。例如：“并非全班同学都喜欢游泳，所以全班同学都不喜欢游泳。”

4. 有我无他

有我无他，是指误用下反对关系，从一个特称命题的真推出另一个特称命题的假。例如：“我们单位有许多人反对他，所以我们单位没有人拥护他。”

5. 中项不周

如果一个三段论的中项在大小前提中均不周延，就叫作中项不周。例如：“数学家是科学家，物理学家是科学家，所以数学家是物理学家。”

6. 大项误周

如果一个三段论的大项在前提中不周延，而在结论中周延了，就是大项误周。例如：“翻译人员要学好外语，我不是翻译人员，所以我不要学好外语。”

7. 小项误周

如果一个三段论的小项在前提中不周延，而在结论中周延了，就是小项误周。例如：“汞是金属，汞是液体，所以金属是液体。”

第二节　非形式谬误

一、歧义谬误

歧义谬误是与自然语言的歧义相关的谬误。是非形式谬误首先应当讨论的问题。有时语词歧义会影响对一个句子的整体的理解。例如：“小王和小李怎么样？”这里的“怎么样”是有歧义的，既可以指性质，也可以指关系，如果是前者，其回答应当是联言命题；如果是后者，回答应当是关系命题。

1. 语词歧义

由于同一个语词可以表达不同的概念，因此使用这样的语词很容易造成歧义。如果再根据这歧义进行推理，就会导致错误的结论。例如：“群众是真正的英雄，我是非党员、非团员，也就是说我是群众，所以我是真正的英雄。”在大前提中“群众”是一个集合概念，而小前提中，群众是一个非集合概念，这个推理的错误是由语词歧义引起的。

2. 句法歧义

如果一个语句可以作不同的结构分析，每种结构分析都有相关的语义，这样引起的歧义就是句法歧义。例如《吕氏春秋·察传》中的“夔一足”，可以作两种结构分析：①“夔一，足”；②“夔，一足”。本来这句话的意思是说，像夔这样的乐师有一个就足够了(因为他能够调五音和六律),而这句话却被人解释成“夔这个人一只脚”。

算命先生往往利用句法歧义骗人。例如:“父在母先亡”。可以有两种不同的切分:① “父在,母先亡”;② “父,在母先亡”。第一种切分的语义是“父亲活着,母亲死了”,第二种切分的语义是“父亲比母亲先死”。如果加上不同的时态分析,这句话可以有六种解释。① 双亲去世,母亲是父亲在世时去世的。② 双亲去世,父亲先于母亲去世。③ 父亲现在活着,母亲已经去世。④ 父亲已经去世,母亲还活着。⑤ 现在双亲都活着,将来母亲先去世。⑥ 现在双亲都活着,将来父亲先去世。因此,无论当事者目前情况如何,算命先生都可以说自己算准了。

3. 强调谬误

由于对语句中不同词语的强调而产生的歧义就是强调歧义。例如,“我们不应当背后议论朋友的隐私”。如果重音在“不应当”上面,就是一句正确的话。如果重音移到“背后”上,言外之意就是我们可以当面议论朋友的隐私。如果重音移到“朋友”上面,言外之意就是我们可以背后议论非朋友的隐私。

二、假定谬误

假定谬误是指由于某种错误的假定所引发的谬误。

1. 以偏概全

“以偏概全”是指用简单枚举法得出了虚假的结论。例如,“所有的鸟都是会飞的”“鱼都是用鳃呼吸的”。以偏概全是人类很难避免的谬误,这是因为简单枚举是人类不得已的选择,是人类对真理的猜测。人类的一般性知识基本上只能来自简单枚举。所以,在某个问题上的以偏概全很可能是整个人类在某段时间的共同错误。例如,一个半世纪之前,英国的博物馆展出了鸭嘴兽蛋,并声称鸭嘴兽是哺乳动物。这一展览引起了轰动,许多人认为不可思议,许多人认为这是靠哗众取宠来赚钱。因为人们都认为,所有的哺乳动物都是胎生的。当时,20岁的恩格斯也颇感疑惑。直到生物学家到澳大利亚塔斯尼岛实地考察,亲眼目睹了鸭嘴兽的卵生和哺乳,人们才改变了“所有哺乳动物都是胎生的”的错误认识。尽管人类无法避免以偏概全的错误,但却可以尽可能减少这种错误,关键就在于对待反例的态度。如果有意回避反例,那是不足取的。发现和批评以偏概全的谬误的根本方法是发现和提供反例。

下面的笑话也许更能提醒我们,以偏概全很可能给自己带来麻烦。

法官:你结婚了吗?

约翰:是的。

法官:和谁?

约翰:和一位女性。

法官:你不要耍小聪明,每个人都知道和女人结婚。

约翰:可不能这样说,比如您母亲,她就得和一个男人结婚。

2. 机械类比

机械类比是把两类区别很大的事物进行类比从而得出错误结论。例如,神学家把宇宙和钟表进行类比,从钟表是制造出来的,推出上帝创造了宇宙。正如以偏概全难以避免一样,机械类比也是人类无法完全避免的。因为类比本来就是一种猜测,是一种认识的冒险,或者说是一种冒险的认识方法。确定是否机械类比的方法是发现和提供类比事物与类比属性之间的不相容性。

3. 不当比较

比较应当有相同的参照系。如果参照系不同,就是不当比较。

例如,美国曾经在征兵动员宣传中说美国海军的死亡率9‰,而纽约市民的死亡率是16‰,因此参军是很安全的。问题在于士兵都是年轻力壮者,而一般市民包括许多老弱病残。

4. 非黑即白

非黑即白是指排除本来存在的中间状态或情形,把事物说成两极的对立。例如“9·11”事件后,美国宣称:“或者跟我们站在一起反恐,那么你是我的朋友。或者不与我们站在一起反恐,那么你是我的敌人。”其实,这种非黑即白的表达只是一种姿态,是根本做不到的。

5. 复杂问语

复杂问语，是指通过问句的虚假预设，使对方陷入困境。例如问一个从来没有偷过东西的人：“你现在还偷东西吗？”对于复杂问句的谬误，最好的方法就是指出其预设的虚假。例如，当年“四人帮”的爪牙对张志新说：“张志新，你能不能挖一挖犯罪根源？”张志新回答：“我没有犯罪，谈不到犯罪根源的问题。”赵丽宏的小说《向中国人脱帽》中，一位外国教授在课堂上问一位中国留学生：“请问，你是来自北京中国还是台湾中国？”这位留学生答道：“只有一个中国，这是常识，教授先生。”

6. 理由虚假

理由虚假，是指在论证中为论题提供的论据不真实。例如，《狼和羊》的寓言中，狼借口羊把狼喝的水弄脏了，就犯了理由虚假的错误，因为狼在上游，羊在下游，羊不可能把狼喝的水弄脏。

7. 预期理由

预期理由是指作为论据的命题其真实性还有待于证明。例如，根据外星人的可能存在，论证“飞碟”是外星人发射的宇宙飞行器，就犯了预期理由的错误。

三、关联谬误

1. 合谬

合谬，是指把整体中各部分的属性，误认为是该整体的属性。例如，“这批电视机是用日本进口优质零件组装的，所以电视机的质量一定很高”。

2. 分谬

分谬，是指从整体具有某一属性推导出该整体的各个部分都具有该属性。例如：“小张是清华毕业的，所以他的水平一定高。”当初赫胥黎宣传进化论，受到了保守势力的反对，他们质问赫胥黎：“既然人是猴子变的，那么你的父亲还是母亲是从猴子变来的？”保守派的思维错误就是分谬。

3. 断章取义

断章取义就是把某个命题或某种说法从具体语境中独立出来，从而改变原意。例如，马克思有一句话：“宗教是人民的鸦片。”这句话经常被用来作为批评宗教的论据，甚至被篡改成“宗教是麻醉人民的鸦片”。其实，这根本不是马克思的原意。马克思在《黑格尔法哲学批判导言》中说：“宗教是被压迫生灵的叹息，是无情世界的感情，正像它是没有精神的制度的精神一样。宗教是人民的鸦片。”显然，马克思在这里是表达了对广大信教的人的深刻同情，马克思是在“镇痛剂”这个意义上使用“鸦片”这个比喻的。

1988 年，亚洲大专辩论会正方的观点是：“儒家思想可以抵御西方恶风。”反方引用了孔子的话“父母在，不远游”。然后质问正方：“如果照此办事的话，我们不就来不了新加坡了吗？何以到这里辩论抵御西方歪风的问题呢？”正方反驳道：“对方辩友是在断章取义，因为在《论语》里，‘父母在，不远游’下面还有一句话是‘游必有方’。”

4. 稻草人

所谓稻草人，指的是在论证中把一个虚假的观点强加给对方，然后来攻击对方。例如，《孟子·滕文公》中说：“杨氏为我，是无君也。墨氏兼爱，是无父也。无父无君，禽兽也。”这是一个典型的“稻草人”。杨朱主张重视个人生命的价值，反对别人的侵害，并未反对君主。墨子提出“兼爱”，主张平等地普遍地爱别人，并未主张不孝。

5. 因果倒置

因果倒置，即将事物之间的因果关系弄颠倒了。例如，“学校应当多发点奖学金，因为奖学金可以提高学习成绩。你看那些拿奖学金的同学，学习成绩都很好。”本来学习成绩好是获得奖学金的原因，而在这段话中却把学习成绩好看成是获得奖学金的结果了。

6. 内涵迁移

内涵迁移指的是，将具体所指相同而内涵不同的两个语词进行随意地替换，从而使表意发生变化。例如：“珍妮夫人故意用棍棒猛击蒙面人的头，而那个蒙面人是她的丈夫，所以珍妮故意用棍棒猛击丈夫的头。”认知逻辑中，“故意”“知道”“同意”“相信”之类的词项，后面的名词是不能随意替换的。如果要从“珍妮夫人故意用棍棒猛击蒙面人的头”推出“珍妮夫人故意用棍棒猛击丈夫的头”，还必须增加一个前提：“珍妮知道那蒙面人是她的丈夫。”

7. 平均数

求平均数是人们认识事物的一个方法。但若被平均数误导，就可能得出错误的结论。例如，甲："听说这条河昨天淹死了一个人。"乙："不可能，这条河平均深1.4米，怎么可能淹死人呢?"乙的思维就犯了机械平均的谬误。因为1.4米，只是河的平均深度，并不排除某些地方很深。

有一家公司招聘员工时宣传说："我们这里的平均月工资两千。"有人高兴地应聘了。但每月她只拿到一千的报酬。他去问老板，老板说，是啊，高级员工要拿三五千，一平均不就两千吗？显然，这位应聘者掉进了平均数的陷阱。

8. 循环论证

所谓循环论证，就是用甲命题支持乙命题，翻过来又用乙命题支持甲命题。这样的论证是无意义的。"文革"时批判刘少奇，说他散布阶级斗争熄灭论。有人说："阶级斗争哪里熄灭了？走资本主义道路的当权派还在走，他们散布阶级斗争熄灭论，正是阶级斗争的新动向。"

9. 诉诸权威

所谓诉诸权威，指的是在论证中不是就论题本身提出充分的理由，而是借助于持这种意见的人的权威。例如，"文革"时，林彪就曾说："毛主席的话，句句是真理。"电视剧《跃龙门》中，赵副主考对前来审查江南科考案的张伯行说："你是宁可相信一个落第的秀才，也不愿相信本官喽?"生动地表现了诉诸权威者的心理。下面是诉诸权威的一个典型例子：一位哲学家不相信人的神经会合于大脑。有人请他到解剖室去参观，他亲眼看到神经会合于大脑的事实。却说："假如亚里士多德的著作里没有说人的神经在人的心脏中会合的话，那我一定会承认这是真理了。"对权威的迷信到了这种地步，还能接受真理吗?

诉诸权威的谬误与论证中的引用不是一回事。在论证中，为了说明一个道理，人们往往引用名人或权威的话，这样可以有较强的说服力。但权威的话同样没有被质疑的豁免权。如果当权威的某句话或某个观点受到质疑或是显然不成立时，仍然强调说话者的权威性，那就显然是诉诸权威的谬误了。

10. 诉诸众人

诉诸众人指的是，以持某种观点的人数多来代替对该观点的实质性论证。常见的例子是，"这么多人反对他，他能是好人吗"？"大家都这么认为，就你固执己见”。诉诸众人之所以成为谬误，是因为一方面真理有时在少数人手里，人数的多少不能成为判断是非的标准。另一方面，多数人的主张可能是为了某一群体的狭隘利益，或者是出于狭隘的文化观念。

11. 诉诸人身

所谓诉诸人身，是指通过攻击对方的人格、处境等，来回避和干扰对于实质问题的讨论。例如："你说逻辑重要，不就因为你是教逻辑的吗？""你们怎么能相信他的话？他小时候偷过人家的玉米。"

诉诸人身的极端表现就是恶意诋毁。黑格尔曾谈到一个十分生动的例子：在集市上，一位顾客批评女商贩卖的鸡蛋是臭的。女商贩雷霆大怒说："什么？我的鸡蛋是臭的？你敢这样说我的蛋？我看你才臭呢！你爸爸吃了虱子。你妈妈跟法国人相好吧！你奶奶死在养老院里了吧！瞧，你把整幅被单都当作头巾啦！你的帽子和漂亮的衣服也是用床单做的吧！谁不知道，这条围巾和你的帐子是从哪来的。要是没有军官，你们这些人才不会像现在这样打扮呢！要是太太们多管管家务，你们这些人都该蹲班房了。还是补一补你衬衫上的那个窟窿去吧！"

下篇

批判性思维实践

——以语文教育的反思为例

例一

凭什么否定“议论文三要素”？

2012年的《语文建设》开展了关于“议论文三要素”的讨论，这一讨论的意义在于重视议论文教学，其背后的预设是重视文体。这一讨论是从《试论“议论文三要素”之弊害》（以下简称《试论》）一文开始的。该文的主要观点是否定“议论文三要素”，即认为不应当把论点、论据、论证方式（作者的表述是“论点、论据、论证”）作为议论文三要素。然而，《试论》提出的所有理由，都不能证明应当否定“议论文三要素”，即无法得出“不应当把论点、论据、论证方式作为‘议论文三要素’”这一结论。

一、历史久远的知识就应当否定吗？

《试论》否定“议论文三要素”的第一个理由是：“议论文三要素”是“老掉牙的知识”。

这一批评的不成立是显而易见的。“老掉牙”不是一个学术用语，其所指无非是“议论文三要素”这项知识历时久远。先不说“议论文三要素”的知识时间并不久远，正如作者所说，才大半个世纪。问题的根本在于，历时久远并不能成为一项知识应当被废弃的理由。诚然，从宏观上说，人类的知识总是不断发展的，错误的知识得到改正，肤浅的知识得到深化，粗陋的知识得到完善。但从微观上说，真理与谬误并不以新旧，不以时间长短为标准。“毕达哥拉斯定理”“三段论”历经数千年，已成为文化常识，人类并未弃之不用。而“永动机”，在刚刚提出的那一刻便注定了那是谬误。知识需要创新。但任何思想只有合乎规律才能成为真理。人类不是为创新而创新，而是为了把握真理而创新。如果有谁为了标新立异，硬要说“毕达哥拉斯定理错了”，那一定是谬论。

二、没有论点哪来有较高逼真度的论点？

《试论》否定“议论文三要素”的第二个理由是：“议论文不是有论点就成，它需要的不是任意的论点，而是‘具有较高逼真度的论点’或‘新论点’。”

议论文应当有较高逼真度的论点，好的议论文必须论点真实，这是对的。然而，“议论文应当具备‘有较高逼真度的论点’”本身就预设了“论点是衡量议论文好坏的一个要点”，就等于承认论点是议论文的一个要素。如果有谁一面说鼻子挺直的人才好看，一面又说鼻子不是衡量相貌的一个要素，那不是自己跟自己打架吗？

文章还说：“‘三要素’俱全未必就是好的议论文，有的可能是很差的‘议论文’；‘三要素’不全未必不是好的议论文，有可能是很好的议论文。”

诚然，三要素俱全未必就是好的议论文，有的可能是很差的议论文，但毕竟是议论文。而三要素不全却一定不是好的议论文。连议论文都不是，怎么能是好的议论文呢？文章混淆了“优质事物的要素”与“事物的要素”这两个不同的概念。有较高逼真度的论点或真实的论点可以作为好议论文的要素，而不能作为议论文的要素。论点才是议论文的要素。大家知道，正如人物形象是小说的要素，而鲜明的、丰满的人物形象只能是好小说的要素，不能作为小说的要素。

所谓要素，就是构成事物的必要因素。议论文三要素就是构成议论文的必要因素：没有论点，没有要表达的观点或主张，文章就失去了意义；没有论据，没有理由，便无以确定论题的真实性，无法使人相信作者的论点；没有论证方式，不形成论证结构，论点和论据就失去了有机联系，就是几个单摆浮搁的命题或句子。

三、没有论据的议论文只能是自说自话

《试论》否定“议论文三要素”的第三个理由是：“论据只是‘论证’方法中‘例

证法’‘引用法’之下的概念，所以，顶多只能称为‘论证’方法中‘例证法’‘引证法’的要素，不是议论文要素。”

这是对“论据”这一概念的误解，把“论据”局限于例子和引言了。论据是用来确定论点真实性的理由。例如在“铁是导体，因为金属是导体，而铁是金属”这一论证中，“金属是导体”和“铁是金属”就是论据。然而它们既不是所谓“例证法”的例子，也不是所谓“引证法”的引言，因此既不是“例证法”的要素，也不是“引证法”的要素。把论据作为议论文的一个要素，就是强调论据在议论文中的不可或缺。没有论据的议论文，不提供理由的议论文只能是自说自话。缺少与读者对话的诚意，也就无法让读者接受你的观点或主张。

顺便指出，“例证法”和“引证法”的名称不好。所谓“例证法”其实就是归纳法中的不完全归纳或简单枚举。所谓“引证法”，其实就是引用的修辞方法在议论文中的运用。

四、“论证方式”不应省略为“论证”

《试论》否定“议论文三要素”的第四个理由是：“‘论证’是动词”，而论点、论据是名词。”

这同样是一种误解。“议论文三要素”指的是“论点、论据、论证方式”。即使从词性上说，“论点”“论据”“论证方式”都是名词。有人把“论证方式”省略为“论证”，这样的省略不好，容易引起误解。“论证”指的是一种思维过程和言语行为。论点、论据、论证方式是论证的三要素。语文课程引入作为议论文三要素，因为一篇议论文，就是一个较为复杂的论证过程。

五、何以见得“议论文三要素”是向论证方式倾斜的？

《试论》否定“议论文三要素”的第五个理由是：“‘三要素’的重心是向‘论证’倾斜的。”

上文说到，这里的“论证”是“论证方式”的不恰当省略。问题在于，“议论文三要素”只是规定论点、论据、论证方式是议论文的三个要素，何以见得是向论证方式倾斜的呢？议论文作为一个复杂的论证过程，其逻辑重心恰恰在于论点的真实性。《试论》认为论证的中心向论证方式倾斜，是因为混淆了论证与推理两个不同的思维过程。文章说："'议论文三要素'，是误将'推理形式'当作'认知方法'。"显然，作者将论证形式误认为推理形式。谁说推理形式是议论文的要素啦？诚然，推理的逻辑重心在于推理形式的有效性和合理性。因为推理是思维工具，重视推理形式的有效性，是为了坚持推理的保真性，即从真实的前提得出真实的结论。论证是推理的应用，但论证却不是思维工具。作为一种思维过程和言语方式，论证的作用在于宣传真理或捍卫真理。因此，论证的逻辑重心历来在于论点的真实性。

六、"议论文三要素"并不否定材料的价值

《试论》否定"议论文三要素"的第六点理由是："材料意识缺乏。"

"议论文三要素"只是说论点、论据、论证方式是议论文的三个要素，何以见得缺乏材料意识？正如说桌子面和桌子腿是桌子的要素，何曾否定桌子材料的价值？

文章说："'三要素'思维是'论点'先行的，是以'论点'为原点的思维，而议论体式写作的原点不是'论点'，应是'材料'。"

"议论文三要素"只是说论点、论据是议论文的两个要素，何以见得论点先于材料？即使是论点先行？也是指论点先于论据，而并非论点先于材料。这里同样混淆了推理认知与论证表达两个不同的思维过程。就推理认知而言，当然是材料在先，在材料中提取前提，推出结论。而就论证表达而言，就应当先确立论点，然后为论点提供论据。这两个思维过程是相互连接和辩证运动的。思维主体从材料中推出结论，获得认知，才能将结论转化为论点，论点确定了，再来提供论据。这里的论据可能是原有材料中的，也可能是其他材料中的。

七、论点与论据应当是矛盾的吗？

《试论》否定"议论文三要素"的第七点理由是："议论文三要素的着眼点是论

点与论据的统一，而不是矛盾。”

这样的说法令人莫名其妙。难道论点与论据不应当统一，反而应当是矛盾的吗？论点与论据相矛盾，岂不是自己跟自己打架？我宁可相信这不是作者的本意，而是表达有误。因为下面作者说得对：“任何事物都包含着矛盾，都是对立统一体，多元统一体。”作者的本意在于提醒人们，事物是矛盾的，因而不能提出片面的、绝对化的论点。即使如此，这能证明论点、论据、论证方式的“议论文三要素”错了吗？这里，仍然有混淆论证表达与推理认知两个不同思维过程的问题。注意事物的矛盾性，避免得出片面的结论，这是推理认知阶段的事情。逻辑学从来都提醒人们，在归纳的时候应当注意反例，一旦发现反例，就要推翻认知过程中错误的尝试性结论，将错误的结论调整为正确的结论。而到了写议论文的时候，到了论证表达阶段，就是要把支持论点的论据表达清楚，以便更好地说服读者。因此当然要强调论点与论据的统一。

八、“议论文三要素”何以见得遗忘了驳论？

《试论》否定“议论文三要素”的第八点理由是：“证伪的缺席：驳论的遗忘。”

作者引用了波普尔的论述，说明证伪的重要和驳论的重要。这是正确的。但是，证伪的重要和驳论的重要，并不能得出论点、论据、论证方式的“议论文三要素错了。所谓驳论，就是对论证的反驳。驳论是指向立论的。驳论不仅可以反驳对方的论点，还可以反驳对方的论据或反驳对方的论证方式。“议论文三要素”的论点、论据、论证方式，既指明了立论的关键，同样指明了驳论的要点。怎么能说“议论文三要素”是只管立论不管驳论的呢？因此，《试论》指责“议论文三要素”证伪缺席，遗忘驳论，是不能成立的。

九、说理的根本就在于论证

《试论》否定“议论文三要素”的第九点理由是：“以偏概全”。其理由是“‘论证’是‘说理方法’之一。”

这里的“说理方法”并非严格的学术概念，缺乏明确的内涵和外延。文章举出的“说理方法”有界定、阐释、阐述、分类、比较、论述、同中求异、异中求同。其实，这些方法有的就是论证方式的下位概念，并非论证以外的“说理方法”。例如同中求异和异中求同，这是五种探明因果联系的归纳方法中的两种，在论证中使用这些方法，就是归纳论证。有些方法可以为论证服务，也不是与论证并列的“说理方法”，例如“界定”，其实就是明确概念的逻辑方法“定义”（《现代汉语词典》和《哲学大辞典》等工具书均无“界定”这一词条，过去叫“界说”，现在叫“定义”），在议论文中可以用来明确论点或论据，因为论点或论据作为命题是由概念构成的。有些方法既可以用于论证也可以用于其他方面，例如分类和比较，就可以作为两种说明方法，既不是独立的“说理方法，更不是与论证相并列的“说理方法”。而且，这些方法在一篇具体的议论文中并不是必需的，可以用，也可以不用。哪里有什么以偏概全？

说理的本质就在于论证，也就是以一定的论证方式，用论据来支持论点。离开了论证还能有什么独立的“说理方法”？对自己的观点不提供理由，不以论据来支持论点，那还叫说理吗？对思想进行论证，是人类文化了不起的进步。是论证成全了知识的确证，即人们凭什么相信一个命题或一个思想是真理的问题。有了论证，社会才能卓有成效地进行真正意义上的思想交流。如果没有论证，每个人都以为自己把握了真理，就只能是公说公有理，婆说婆有理，谁也说服不了谁。

十、不能以辩证思维否定逻辑思维

《试论》否定“议论文三要素”的第十个理由是：“‘三要素’属于‘形式逻辑’范畴……而议论文本写作的运思，与其认知方法相匹配的应是‘辩证逻辑’。”

以辩证思维来否定逻辑思维的价值，这是一个根本性的错误。这里的“辩证逻辑”，所指其实是辩证法。逻辑或形式逻辑是人类长期思维实践最重要的经验总结和理论成果，是思维的基本法则。辩证思维也不能违背逻辑的法则。例如“失败是成功之母”就有辩证思维，（否则失败就是失败，或失败是失败之母。）但失败之所以能转化为成功，离不开对失败原因和成功条件的逻辑分析。甚至文学创作从根本上说也离不开逻辑思维。钱锺书说得好：“理之在诗，如水中盐、蜜中花，体匿性存，无痕有味。”议论文，作为典型的理性表达，当然更需要逻辑思维，这是毋庸置疑的。议论文需要辩证法，这是正确的，但怎么能够由此得出逻辑思维不重要的结论呢？我赞赏作者对理性的坚持与倡导。而逻辑正是人类不可或缺的最重要的理性工具。对逻辑法则的遵从和敬畏，更是价值理性的重要内容。

十一、静态的知识就应当否定吗？

《试论》否定“议论文三要素”的第十一个理由是：“文本要素是静态的。阅读(行为)要素是动态的。”

学生需要动态的知识、需要阅读和写作议论文的动态知识，但这不能成为否定静态知识，否定“议论文三要素”的理由。勾股定理是静态的，小说三要素也是静态的，人们并未因其静态而否定之。静态的知识可以作为动态知识的基础。就议论文阅读而言，把握了议论文三要素，就把握了文章最主要的东西，就可以以简驭繁；就议论文的写作而言，把握了议论文三要素，即把握了议论文的基本规范和努力方向。

十二、性质不能作为事物的要素

综上所述，《试论》一文并没有能够得出应当否定论点、论据、论证方式的“议论文三要素”的结论。即使论点、论据、论证方式的“议论文三要素真的错了，但《试论》却没有能够证明这一点。作者又在《语文建设》2012(6)发表了《“议论文三要素”的重构》一文。该文将“价值性、发现性、说服性”作为“议论文三要素”。我们要问的是：“价值性、发现性、说服性”可以作为议论文的要素吗？回答应当是否定的：“价值性、发现性、说服性”不能作为议论文的要素。因为性质不能作为事物的要素。

上文说到，所谓要素，就是构成事物的必要因素。要素，必须是事物的因素或元素，应当是结构性的成分，是实体性的东西。水的要素是氢和氧，桌子的要素是桌子面和桌子腿，饺子的要素是饺子皮和饺子馅，语言的要素是语音、词汇和语法。按照北京大学陈波教授的说法,要素必须是“拆开来是里面的玩意儿”。性质不能作为事物的要素,这应当是哲学的常识。“价值性、发现性、说服性”这是一些功能性或评价性的概念,而要素应当是可以产生功能的东西,是作为评价对象的东西。比如美观性、坚固性可以作为对桌子的评价,却不是桌子的要素。音乐性、节奏性可以作为对语言的评价,却不是语言的要素。有谁会把美观性、坚固性作为桌子的要素呢?又有谁会把音乐性、节奏性作为语言的要素呢?

事物的要素之所以应当是实体性成分而不是性质,正是为了人们可以对要素赋予不同的性质、特征或功能,可以对具体事物的要素作出评价。例如,我们说饺子馅是饺子的要素,有人可以要求饺子馅鲜,有人可以要求饺子馅香;有人可以希望饺子馅腻,有人希望饺子馅清淡。人们也可以评价这个饺子馅太稀,那个饺子馅太干。如果把“腻”作为饺子的要素,人们就无法将清淡的性质特征附着在这一要素上。总不能说“我喜欢清淡的腻”吧?如果把“香”作为饺子的要素,人们也无法评价这一要素,总不能说“这个饺子的香太干”吧?

事物的要素之所以应当是成分而不是性质,还因为要素应当揭示事物的结构。语言的三要素是语音、词汇、语法,这三者明确地揭示了语言的结构。具体事物结构要素的多少也是由事物本身的特质所确定的。语音、词汇、语法这三个要素对于语言来说,既不能少,也不能多。议论文同样如此。论点、论据、论证方式的议论文三要素明确地揭示了议论文作为论证的基本结构,三个要素既不能少,也不能多。而将“价值性、发现性、说服性”作为议论文的要素,无法解释议论文的结构特征。也正因为这样的要求不是由议论文的结构特征决定的,因此提出多少要求,提出什么样的要求,也就因人而异。你提出三个,他提出四个;你是这样的三个,他是那样的三个,难于达成共识。

十三、《试论》和《重构》的合理因素

尽管《试论》和《重构》的基本观点是错误的,但文章当中有一些合理因素,甚至很有价值的思想。

首先是对议论文教学的重视:“议论文教学是语文教育中最重要的部分,承载着世界观与方法论教育的重任。”当年茅盾的小学老师出的作文题,议论文是

很多的。如“论文不爱才武不惜死”“武侯治蜀论”“宋太祖杯酒释兵权论”等。国外的作文有“谁该对二战负责?”之类的题目。在过分地强调情感、过分强调文学、或者追求热闹的当下,存在着议论文教学被淡化的倾向。议论文教学既不能用音乐,又不能用绘画;既没有故事情节,又没有环境描写,不少教师觉得没有讲头。甚至有些偏爱文学的教师本身就不喜欢议论文。作者的观点不仅正确,而且有针对性。

重视议论文的预设是重视文体。淡化文体也是当下语文教学的一个弊端。多数语文教材丢弃几十年来文体组元的成功经验和优良传统,改为违反语文教育规律的主题组元。以初中语文实验教材为例,只有语文版教材,以自己的学术信念坚持了文体组元。不少考试作文不限文体。许多学生对记叙文、说明文、议论文的基本规范缺乏起码的认识。

作者对驳论的重视也是正确的。驳论往往比立论有更鲜明的针对性,更能促进思想的恰当性和深度,对于培养质疑和反思的批判性思维和追求真理的人格有更重要的价值。与此相关,作者主张在立论时应当“对论点作自我反驳与证伪”,更是真知灼见。

无论是企图否定本来的议论文三要素,还是企图重构议论文三要素,也都预设了对议论文基础、对建设语文课程内容体系的重视。这比那些认为议论文三要素无足轻重、对语文课程内容的基本建设不屑一顾的糊涂观念好得多。

作者对议论文教学某些现状的批评也是中肯的。例如许多学生习惯于堆砌事实论据,缺乏理论分析;命题陈旧,老生常谈等。作者关于论点应当有较高逼真度、有发现性的思想也是很好的价值追求。

十四、基础教育的评价原则应当是底线评价

问题在于,选题的价值性、立论的发现性,与议论文写作的基本规范哪个更重要?哪个更具有先决的意义?《试论》说:“是否有论点不重要,重要的是有什么样的论点。”如果连论点都没有,无论什么样的论点都没有,又哪里会有好的论点、有较高逼真度的论点、发现性的论点?离开了议论文写作的基本规范,不强调议论文写作必须提炼明确的论点,有较高逼真度的论点、发现性的论点只能是

空中楼阁或海市蜃楼。

在讨论有关基础教育的问题时，我们不能忘了基础教育的底线评价原则。诚如杨启亮教授所言，顶线评价正在造成我国基础教育健康发展的瓶颈。“顶线评价实际上是在基础教育中演绎高等教育特征，所以异化了基础教育的基础性。”杨启亮指出，按照底线评价的原则，基础教育教学创新的品格应当是“普适与朴素”。基础教育的基本任务是为学生的发展打好基础。语文教学的基本任务就是要引导学生学习语文的基础知识，培养语文的基本能力，建构语文的基本素养。议论文教学的基本任务就是要教学生议论文阅读和写作的基本规范。梁启超说：“教人作文当以结构为主。”论点、论据、论证方式的“议论文三要素”正是议论文的基本结构，正是议论文阅读写作规范的基点。在这一基点上，便是论证的规则：论点应当明确、论点应当保持同一、论据应当真实、论据的真实不依赖于论点的真实、论据应当能够推出论点。在这样的基础上，才能倡导选题的价值性和立论的发现性。

就语文课程的基本内容而言，我们需要强调的恰恰是作者所反对的“形式”。因为语文的规律更多地表现在形式中，表现在语言形式和文章形式中。比如记叙文六要素，就是记叙文的基本规范。因为任何事情都必须发生在一定的时间和空间，都一定有其原因和结果。这样的基本规范，不仅有方法论的意义，而且有世界观的意义。

《语文课程标准》关于议论文阅读的目标是“区分观点和材料，发现观点与材料之间的联系”。写作的目标是“做到观点明确，有理有据”。这样的表述虽然有失简单，但毕竟把握了最主要的东西。

例二

“理解性教学”研究的哲学反思

自从1993年美国哈佛大学教育学院大卫·帕金斯教授提出“理解性教学”这一概念以来，“理解性教学”已经成为当今世界教学理论研究的前沿问题。然而在我国，理解性教学的研究尚未引起足够的重视。而且，已有的研究存在着一些误区。这些误区也妨碍了“理解性教学”研究的深入。因而，有必要对这方面的研究作一些哲学反思。

一、模式，抑或要素？

有一些理解性教学的研究，将理解性教学作为一种教学模式。例如：“许多国家的教育理论者和实践者积极探索理解性教学模式。”[①]甚至有些研究理解性教学的文章，其题目就以“模式”作为关键词。例如：《哈佛“为理解的教学”模式及其应用实例探析》[②]。

当我们把理解性教学作为一种教学模式的时候，就意味着还有一种“非理解性教学”，就意味着有没有理解，是否重视理解只是教学模式的区别，也就意味着我们可以允许没有理解的教学。因为道理很简单：一种事物可以有不同的模式，教学亦如此。例如：在语文教学中，有钱梦龙老师的“自读—精读—复读”模式，也有朱绍禹先生的“以文明道，因道悟文”的教学模式，还有吴格明教授“形式—

① 冯锐，缪茜惠. 高效学习与理解性教学——对话《高效学习》作者 Linda Darling-Hammond 教授[J]. 现代远程教育研究，2001(03).

② 王会，张琨. 哈佛“为理解的教学”模式及其应用实例探析[J]. 软件导刊·教育技术，2010(01).

内容—形式”“整体—局部—整体”的教学模式。

我们认为:理解,应当是教学的一个要素。也就是说,任何教学都必须具备理解这一要素,或者说,理解是教学不可或缺的要素。缺乏理解的教学,一定是不好的教学,不成功的教学,低效的甚至无效的教学。学生缺乏理解而只能记忆知识的教学,无论是对于知识的把握、能力的形成和人格的发展,都是失败的。

所谓理解,是指认识借助概念,通过分析、比较、概括、联想或直觉等思维方法,领会事物的联系、本质及其规律的思维过程。理解的认知意义,就在于把握事物的本质和规律。例如,有人告诉我们,菠菜和豆腐不能放在一起烧。如果仅仅记住它,我们并没有把握其中的本质。如果我们进而了解菠菜和豆腐之所以不能放在一起烧,是因为菠菜中草酸和豆腐中的钙会形成草酸钙,而不能被人体所吸收。这样我们就把握了事物的本质。如果非要吃菠菜烧豆腐,可以先把菠菜用开水焯一下。

理解在教学中的意义在于,一方面,只有理解知识,才能有效实现知识的迁移而形成能力。另一方面,只有在具体的、长期的理解过程中,才能逐渐培养学生的理解能力和理性精神。而理解能力是一个人持续发展和终身教育所必不可少的条件,理性精神则更是现代公民所不可或缺的人格。强调理解性教学,“是对某些缺乏理解和充满误解的教学的厌恶和反叛”[①]。

教学中的理解,往往需要伴随体验和感悟。例如语法教学,如果我们只是告诉学生“那一年,他才四十二岁”中的“才”是副词充当的状语,学生并不能真正理解状语的意义,只有当他们体验到这里的“才”表达了作者对焦裕禄英年早逝的惋惜之情,才能理解这一状语的价值。

把理解作为一种教学模式,并不利于所有的教师自觉地重视教学中的理解。只有把理解作为现代教学不可或缺的要素,才能促使教师自觉地在日常的教学中引导和帮助学生积极地理解,从而有机地建构自己的知识和心灵世界,并在这一过程中培养理解能力和理性精神。

---

① 熊川武. 论理解性教学[J]. 课程·教材·教法,2002(02).

二、方法，抑或精神？

有一些理解性教学的研究，把理解性教学作为具体的教学方法，把某所学校、某位教师、某种具体的教学实践当作理解性教学必须的或必然的教学方法，甚至当作理解教学的实质。例如有人把教学中的评价也作为理解性教学必须的教学方法：“评价应该从始至终贯穿于整个学习过程中，有时候是来自于教师的反馈意见，有时候是同伴评估，有时候是自我评价。在这个过程中，教师会给出一些标准或让学生自己制定出标准，尽管有多种合宜的持续评估方法，唯一不变的准则就是把标准、反馈意见及自我审查贯穿到整个学习过程中。”[①]甚至有人把所谓的“理解操”也说成理解性教学必须做的事情：“根据理解性教学的实践要求，设计出适合课堂教学、课外活动或班主任工作的一般教学环节。心理准备：在课堂教学开始前的几分钟里（如 2～3 分钟左右），学生做理解操，以此集中学生注意力，形成愉悦的学习心态。”[②]又如“吟诵‘理解歌（顺口溜）’，学做‘理解操（心理操）’”[③]生硬照搬到了如此地步，这还是学术研究吗？这样的所谓研究能够促进教学理论的发展和教学实践的创新吗？

我们认为，理解性教学是一个目标，即把理解作为最重要的教学目标；理解性教学是一个原则，即理解不可或缺的原则；理解性教学是一种精神，即倡导人类理性的精神。我们认为，有了这样一种精神、一个目标、一个原则，无论采用怎样的教学方法都是理解性教学。反之，离开了这样的精神和目标、原则，无论采用怎样的教学方法，即使是在理解性教学的大师那里光彩照人的方法，也不能称其为理解性教学，或者干脆说就不是真正意义上的教学。

研究理解性教学，最根本的价值指向，就是要高扬人类的理性精神，就是要彰显理解这一最重要的教学目标，就是要强化理解不可或缺的教学原则。当然，研究理解性教学也应当研究方法。然而，这种研究不应当局限于理解性教学的倡导者使用过的方法。凡是能够帮助或促进学生理解的方法都应当研究。更重

---

① 姚晓慧. 大卫·珀金斯的理解性教学思想透视[J]. 外国教育研究，2011(01).

② 陈栗. 理解性教学体系的构建[J]. 才智，2008(05).

③ 熊川武. 论理解性教学[J]. 课程·教材·教法，2002(02).

要的是，当我们研究教学方法的时候，应当研究某种方法何以能够促进学生的理解，应当研究其学理支持和经验反思。同时，对理解性教学的研究，还应当深入具体的学科，要研究数学的理解性教学、语文的理解性教学、物理的理解性教学，等等。我们相信，如果广大的一线教师真正把握了理解性教学的精神实质，他们一定能够在教学实践中创造层出不穷的、合理的、有效的、具有生机活力的教学方法。

三、特征，抑或方向?

有一些理解性教学的研究，把理解说成无所不包的事情，把理想化的教学都说成理解性教学的特征。例如:"理解教学关注人的完整性，作为一种时代精神，引领师生之生命意义的实现与超越。"①"理解教学过程中的教师和学生是'主体间性'关系。基于师生间的民主、平等，教学双方必然走向积极的交往与合作。交往是主体间的相互作用、沟通与理解。合作是主体间的相互支持与肯定。主体间没有交往与合作，理解就会失去意义。"②"教学不只是一个知识传输、发展潜能的过程，更是一个师生生命意义显现的生活过程。教学世界不是一个死板的世界，而是人创造有意义的生活世界，是师生的一种生活方式。"③又如:"凸现道德要求，使做人与为学水乳交融。""'情''知'并重，做人与为学水乳交融。"④

诚然，师生间的平等对话、教师良好的人格修养，都是理想的教学和理想的教育应有的表现。然而，这并不是理解性教学的本质特征，或者说，这与理解性教学并没有必然联系。如果要说特征，教师良好的人格修养是理想的教学特征，师生间的平等对话是理想的教学特征，而理解性教学也是理想的教学特征。我们不能把理想的教学的各种特征都安到理解性教学的头上。这正如，理想的菜应当是营养丰富的菜，也应当是好吃的菜，但好吃并不是有营养丰富的菜的本质特征。同样，一个健康的人，应当是生理健康的人，也应当是心理健康的人，但我们不能为了强调生理健康的重要性，就把心理健康说成是生理健康的特征。

---

①②③　郝明君，靳玉乐，张希希. 诠释学视野下的理解教学：特征及意义[J]. 当代教育科学，2006(10).

④　郝跃平，王春晓. 理解性语文阅读教学初探[J]. 潍坊学院学报，2010(03).

许多人有一种不好的思维习惯：当着要强调某个事物或者事物的某个方面的重要性的时候，就往往把其他事物或事物的其他方面的作用也安到该事物或事物该方面来。这样的思维方法或思维习惯对于我们弄清事物的本来面目是有害的，对于学术研究更是有害的。学术研究的严谨性要求我们自觉地克服这样的思维弊端。

我们在前面已经阐明：理解，是教学不可或缺的要素，理解性教学是以理解为主要目标和教学原则的教学，是张扬人类理性精神的教学。只要贯彻了这样的精神和目标，就是理解性教学。

当然，事物的特征是有层次的。对于理想的教学而言，理解是较为基础的特征或要素，而师生平等对话，创造生命意义，是较为高级的特征或要素。从这个意义上说，师生平等对话，创造生命意义的教学是教学努力的方向。当这一方向成为现实的时候，理解性教学也就提高了层次，提高了水平。然而，将事物不同角度的各种要素混为一谈，只能带来概念和思想的混乱，并不利于我们对于理解性教学的本质把握，不利于我们扎扎实实地研究理解性教学许多更为迫切的问题。

例三

语文教学当老老实实引导学生解读课文

——韩老师《背影》教学反思

课文是语文教学的基本材料和主要凭借。语文教学应当老老实实地引导学生解读课文，从字里行间学习语文。游离课文，游离课文整体的语言表达，势必将语文课上成思想品德课、科技常识课、泛文化课。韩老师的《背影》教学，正是泛文化课的典型。且在各地七讲《背影》，影响不小。分析其失误，可以帮助人们端正语文教学思想，促进语文课程改革的健康发展。

一、游离课文的语言表达，何以理解课文的思想内容？

韩老师把《背影》的主题解释为“喟叹生命”。然而这一主题却不是从课文中读出来的。让我们来看一看“喟叹生命”的结论是如何得出的。

(1) 课文中朱家有四个人。

(2) 四条生命。

(3) 生命的链条：祖母的背影是已逝的，父亲的背影是将逝的。

(4) 四次流泪：第一次流泪，祖母死了；第二次流泪，父亲老了；第三次流泪，父亲去了；第四次流泪，父将大去。

(5) 生命是脆弱的，短暂的。

(6) 本文的主题是喟叹生命。

这里大体上有六个环节。第一个环节“课文中朱家有四个人”，并不等于课文表现了四个人。这样的分析偏离了课文表情达意的中心。课文提到祖母去世，是交代父子车站送别的背景。提到孩子，是写父亲的思念之情：“但最近两年不见，他终于忘却我的不好，只是惦记着我，惦记着我的儿子。”

第二个环节，“四条生命”，已经游离了课文的语言表达。尽管客观上四个人就是四条生命，但写四个人并不等于写四条生命。按照韩老师的逻辑，所有写人的文章或作品，都是在写生命，《五朵金花》，岂不就是在写五条生命？《扬州八怪》，岂不就是在写八条生命？

第三个环节“生命的链条”，也是教师自己的发挥。课文只写了父亲的背影，根本就没有写祖母的背影。按照韩老师的逻辑，凡是写一家几代人的，都可以说是“生命的链条”。如果学生写《我的一家》“我的家里有爷爷奶奶、爸爸妈妈和我”，客观上不也是“生命的链条”吗？然而事情客观上怎样与作者表达了什么是两回事。

第四个环节是对四次流泪的分析，“第一次流泪，祖母死了”，不准确。课文中完整的句子是：“到徐州见着父亲，看见满院狼藉的东西，又想起祖母，不禁簌簌地流下眼泪。”这第一次流泪，恐怕不完全是因为祖母，也有父亲的因素；即使是因为祖母，恐怕也不仅仅是因为祖母的死，其中大概还有对祖母的怀念。“第二次流泪，父亲老了”也有曲解。何以见得不是因父亲对儿子的关爱而感动流泪？从“蹒跚”“攀”等词语中固然能读出“老”的意味，但步履蹒跚，动作迟缓的父亲为了儿子，不辞劳苦去买橘子不是更令人感动吗？“第三次流泪，父亲去了”，这里的“去”有歧义。明明是“他的背影混入来来往往的人里”，是分别，用了一个可以理解为“死”的词语“去”，就容易造成误解。“第四次流泪，父将大去”也不准确。一是父亲给儿子写信说，不是作者说。二是“大约大去之期不远矣”，有“大约”二字。三是前面还有“我身体平安”的内容。说“大约大去之期不远矣”的理由，只是“膀子疼痛厉害，举箸提笔，诸多不便”。

第五个环节“生命是脆弱的，短暂的”，更是教师自己的发挥。既不是从课文中读出，也不是从前面的环节推出的。课文中既没有“生命”的字样，也没有“脆弱的，短暂的”表达。即使是因祖母的死而流泪，难道不是亲情的怀念？即使是第四次流泪，写到父亲“大去之期已不远矣”的信，作者表达的仍然是对父亲的思念:“唉！我不知何时再能与他相见!”或许作者的亲情背后有对于生命的感悟和思考,但这并不等于作品的立意或主题就是生命的脆弱和短暂。不能因为一说到有人死了,有人生病,就说人家表达了“生命是脆弱的,短暂的”的意思。如果那样,岂不所有悼词的主题都成了“生命是脆弱的,短暂的”？恩格斯《在马克思墓前的讲话》写到了马克思逝世,《为人民服务》写到了张思德的死,难道都是在说“生命是脆弱的,短暂的”？如果那样,医生写的关于如何保护健康的文章,交通部门写的提醒公众遵守交通规则,避免交通事故的宣传材料,其主题岂不更是“生命是脆弱的,短暂的”？

第六个环节“本文的主题是喟叹生命”。上述六个环节中,只有从“生命是脆弱的,短暂的”到“喟叹生命”之间有逻辑联系。但遗憾的是,由于“生命是脆弱的,短暂的”并非课文的立意,因而“本文的主题是喟叹生命”的结论也就不能成立。

下面的环节是强化“本文的主题是喟叹生命”这一结论。

(7)“背影”就是“背”加“影”。

(8)《匆匆》。

(9)《陈情表》。

(10)《毁灭》。

(11)自编朱自清的短信:“我的《背影》发表了87年,一直被人们浅读、粗读、误读,只有今天,你们才真正读懂了,读深了,读细了,读对了,因此,我的在天之灵感到由衷的欣慰。谢谢孩子们。”

第七个环节“‘背影’就是‘背’加‘影’”。且不说将一个偏正结构分析成并列结构的谬误,即使这样的分析成立,也推不出“本文的主题是喟叹生命”这一结论。(8)(9)(10)这三个环节即使能得出“喟叹生命”的主题,也是从《匆匆》《陈情表》《毁灭》得出的,而不是从课文中得出的。第(11)个环节是编造朱先生的短信。如此编造,朱先生地下有知,不仅不会“欣慰”,恐怕是要对这样的胆大妄为愤怒和惊讶的吧。

文本的思想内容应当从文本的语言表达中读出,这是再普通不过的常识,也是语文教学的底线。课文明明写到“父亲因为事忙，叫旅馆里一个熟识的茶房陪同我去。他再三嘱咐，甚是仔细。……他踌躇了一会，终于决定还是自己送我去。”“他嘱我路上小心，夜里要警醒些，不要受凉。”等内容，这些内容岂是“喟叹生命的脆弱和短暂”所能涵盖的？游离课文整体的语言表达，何以理解课文的思想内容？这样不严肃的解读，会给学生很糟糕的影响。

对文本的解读可以是多元的。正所谓“有一千个读者，就有一千个哈姆雷特”。但一千个哈姆雷特也都是哈姆雷特，不能变成李尔王或安东尼。读者对文本可以有不同或独特的感悟，哪怕这些感悟并非作品的主题，并非作者在文本中主要的立意或文本所表达的主要的东西。但却不能将自己独特的感悟来替代作品的主题或作品主要的思想内容。韩老师读了很多书，也善于感悟和思考，是文化修养较高的语文教师。然而文本教学解读的原则出了问题，将自己的感悟误作作品的立意和主题，实在是很遗憾的事情。

二、游离课文整体的语言表达，何以提高学生的语文素养？

韩老师的《背影》教学，即使得出的结论成立，这样的语文教学仍然是成问题的。因为其教学的主要内容是课文的思想内容，而不是课文的语言形式及其与思想内容的关系；是写了什么，而不是怎样写的和为什么这样写。这样的语文教学，在本质上是“泛文化课”，而不是语文课。这堂课最有价值的是最前面的教学环节：让学生学习课文中的生字。然而遗憾的是，教学未能引导学生仔细地阅读课文，从课文整体的、全面的语言表达理解课文，而是硬将学生引入教师预设的所谓的“喟叹生命”的轨道。游离于课文的语言表达之外，游离于课文语言表达的整体性和有机性之外，于是也就成了“喟叹生命”的泛文化课。

2011 版《语文课程标准》明确指出：“语文课程是学生学习运用祖国语言文字的课程。”学习语言文字的运用，是语文课程的核心目标。语文教学的主要任务就是要培养学生运用语言文字的能力。语文课程之所以要学习课文，就是要通过文本的言语材料来学习语言文字的运用。正如叶圣陶先生所说：“课文无非是个例子。”课文的本质就是语言文字运用的例子。

诚然，语文不仅有工具性，而且有人文性，语文的特点是工具性与人文性的统一，语文是人文工具。但人文性不能成为否定或淡化工具性的理由。语文与政治、历史、地理等其他人文课程的根本区别就在于，政史地的教学内容在于文本的内容，而语文教学的主要内容在于文本的形式，在于用什么样的语言形式表达思想内容。文何以载道，才是语文教学的大道。诚然，语文课程有其伦理功能，语文课程还有情感态度价值观的目标。主要是在这个意义上，叶老说："课文不仅是个例。"然而，课文首先是个例。语文课程的基本目标或核心目标在于培养学生理解和运用祖国语言文字的能力。因而语言文字的运用，课文的语言形式应当成为语文教学的主要内容。"杨柳依依""桃花灼灼"的主要价值不在于杨柳与桃花的可爱，而在于语言表达。用"依依"状杨柳之婀娜，以"灼灼"状桃花之明艳，生动之至，贴切之至，简洁之至，美妙之至，千百年来无出其右者。

同样，《背影》主要的语文教育价值不在于其思想内容，而在于语言形式，在于用什么样的语言形式表达其思想内容。写父子之爱的文章不计其数，《背影》的特殊价值在于写得好，写得动人心弦。作者不写父亲的正面形象，而以背影写父亲对儿子的爱，写儿子对于父爱的理解和愧疚，写儿子对于父亲的爱，立意深刻，别具匠心，从而将父爱永恒地定格在那个为远行的儿子而不辞辛苦地跨过铁道攀上月台去卖橘子的黑布马褂青布棉袍的肥胖的背影上，成功地创造了文学史上父爱的经典形象。这对习惯于写"一寸免冠照片"的学生，会有重要的启迪。其谋篇布局，开头以"背影"点题，中间重彩浓墨，描写背影，结尾以"背影"归题，结构工整典雅。其人物描写质朴而又凝重。无论是肖像描写、动作描写、对话描写，还是心理描写，都是炉火纯青，感人至深。《背影》的语文教育价值是丰富而深厚的。韩老师的《背影》教学，置《背影》丰富而深厚的语文教育价值于不顾，蜻蜓点水式地摘取只言片语来标新立异。游离课文整体的语言表达，何以提高学生的语文素养？

韩老师在"喟叹生命"这一主题下组织了《匆匆》《陈情表》《毁灭》等众多材料。课文《背影》只是"喟叹生命"这一话题的由头。在"喟叹生命"的过程中，仅"男人的背"这一环节就用了七八分钟的时间。这还不是典型的泛文化课吗？阅读教学并非不能向课文之外拓展。问题的关键在于要看拓展的内容和目标是什么。引入《匆匆》《陈情表》《毁灭》这些内容，是为了强化"喟叹生命"这一文化话题的。语文教学的拓展，应当着眼于语言文字的运用，以帮助学生更好地理解课文写了什么、怎样写的、为什么这样写。就《背影》的教学拓展而言，如下的内容或许是有益的。

朱自清在答《文艺知识》编者关于散文写作问题时说："我写《背影》，就因为文中所引的父亲的来信里那句话。当时读了父亲的信，真的泪如泉涌。我父亲待我的许多好处特别是《背影》里所叙的那一回，想起来跟在眼前一般无二。我这篇文只是写实。"这一内容是作者本人对作品写作缘由和立意的说明，可以从语用层面帮助学生理解作品的主题："父亲待我的好处"，或者说父亲对儿子的挚爱。

现代文学研究名家李欧梵说："五四是个反传统的年代，是个'打死父亲'的年代，五四文学的父亲形象都是负面的；而《背影》不同，在中国现代文学作品里，它第一次重点刻画了一位正面的父亲形象。在"满街走着坏爸爸"的情况下，这一个'好爸爸'一下子激起了无数读者的共鸣。"这一内容揭示了《背影》创作的社会文化语境，可以帮助学生更好地理解作品的立意。

清代魏际瑞的《伯子论文》中有："文章有众人不下手而我偏下手者，有众人下手而我不下手者。"这一内容揭示了文章成功的奥秘，可以帮助学生领悟作品的艺术价值和写作的规律。

作为一位语文教师，韩老师有儒雅幽默的风度、颇具感染力的口才和朗读功夫。遗憾的是，语文教学思路的误区局限了其才华的作用。

三、离开了学生对课文的解读，何以培养自主学习的能力？

课程改革最深刻的思想在于自主学习。教育的人文关怀主要表现为尊重学生的主体地位。培养学生自主学习的能力，应当是教学的重要目标。语文教学要在引导学生解读课文的过程中培养学生自主学习的能力。无论是"填鸭式"还是"牵羊式"，都与课程改革的正确方向背道而驰，都有悖于教育的时代精神。

然而，韩老师的《背影》教学，显然违背了自主学习的理念。课文的思想内容不是学生从课文的语言形式中读出来的，而是教师塞给学生的。"四条生命的故事"是教师的理解，不是学生的理解。教师却说让学生"自己鼓励自己"，于是学生鼓掌。这是在情感上误导学生，让学生心甘情愿地接受教师思维的误导。

“四条生命”“生命的链条”，都是教师的发挥，不是学生的理解。

在教学过程中，教师让学生做了填空。从表面上看，这是学生活动。但填空的框架预设太强，限制了学生的思维。关于四次流泪的填空与其结果如下：“第一次流泪——祖母（死）了；第二次流泪——父亲（老）了；第三次流泪——父亲（去）了；第四次流泪——父将（大去）。”这一填空预留的括号空间太小，限制了学生的思路。教师还强调，前面的要填一个字，第四次要填两个字。如果空间较大，或者是一条较长的下划线，再或者不是用多媒体打出，而是口头对话，学生对第一次流泪的答案可能是“想起了祖母对自己的爱”，第二次流泪的答案可能是“父亲不辞辛苦给儿子买橘子”，第三次流泪的填空可能是“父亲的背影混入来来往往的人里”。教学过程中教师提出的许多问题，给学生预留的回答空间大都很小，几乎是填空式的。例如：“生命是坚强的，还是______？生命是永恒的，还是______？”教师设计的框架显然是让学生填反义词。“坚强”的反义词是“脆弱”，“永恒”的反义词是“短暂”。表面上看，这似乎是学生思考的结果，其实是教师给了学生一个思维的陷阱。这与对课文的理解毫不相干。在一个并非《背影》教学的其他情境中，也只能填这样的反义词。

有些问题，甚至教师早就给出了答案。例如：“本文写的是父与子，还是生与死？”在提出这个问题之前，教师已经讲了很长时间的生与死，学生也就只好回答“生与死”了。又如：“第二次流泪是因为买橘子，还是因为爸爸老了？”教师早就讲，爸爸老了，所以流泪。而且板书了“老——流泪”。这样的问题，究竟是启发式还是“牵羊式”？

下面的教学环节是教师引进《匆匆》《陈情表》《毁灭》等文本。这些文本究竟与《背影》有多大关系？是教师的标新立异需要这些文本，而不是学生学习《背影》需要这些文本。再下面的环节，是教师为了证明课文的主题是“喟叹生命”，或许也为了给自己一点自信，而编造了朱自清的短信。而这些，离学生对课文的解读，离学生的自主学习是越来越远。

倡导自主学习，并不是说教师不能以自己对课文的理解影响学生。在一般情况下，教师的认知水平高于学生，文化视野比学生开阔，思维能力比学生强，阅读经验比学生丰富，因而对文本的理解优于学生。阅读教学当然要对学生的阅读施加积极的影响，不然也就无所谓“教”了。但正如《语文课程标准》所指出的那样："不应以教师的分析来代替学生的阅读实践。"教师的教或积极影响，应当是与学生平等对话，而且应当是学生本位的，先要看一看学生从课文中读出了什么，了解并尊重学生对课文的体验和理解，先听听学生的想法，然后解疑答难或者匡正，将学生的思维引向深入。而不是教师预先设计好一个狭窄的思维胡同让学生往里面钻，更不能将教师的观点生硬地塞给学生。对学生思维误区或错误理解的匡正，必须是以理服人的，必须说明学生的理解为什么不对，错在哪里？让学生在纠正错误或走出误区的过程中获得认识的升华或思想的飞跃。

韩老师教态亲切，对学生有很强的亲和力，再加上较高的文化修养和语言表达能力，很有可能创造预设与生成高度统一的、自主学习的高效课堂。遗憾的是，韩老师的《背影》教学，并没有引导学生自己从字里行间解读课文。离开了学生对课文的自主的解读过程，何以培养学生自主学习的能力？

例四

重构语文知识体系

——语文课程建设的重要内容

“中小学语文知识体系研究”，是一件很重要的好事。语文知识体系研究，是语文课程建设的重要内容，也是语文课程建设的必由之路，更是语文课程建设的当务之急。

一、语文课程知识是语文课程内容的主体

中小学语文知识体系研究的意义在于，语文课程知识是语文课程内容的主体或基础。课程知识与课程内容究竟是什么关系？《简明国际教育百科全书·课程》在“概念与原理”部分，对“课程知识”的定义是：“课程知识，这个词语至少有两种不同的含义：在一门课程中所教授或所包含的知识（课程内容）或制定课程时所应用的（课程编制知识）。”①这个定义告诉我们，“课程知识”有两个义项，一个是课程内部的知识，一个是关于课程的知识。本文所讨论的“课程知识”显然是前者，即课程内部的知识。作为课程内部的知识的“课程知识”，定义中在后面的括号中注明“课程内容”。这就是说，“课程知识”与“课程内容”是等义的。或者说，课程知识就是课程内容。从这个意义上说，语文课程知识就是语文课程内容。

① 江山野主编译.简明国际教育百科全书·课程[M].北京：教育科学出版社，1991：69.

诚然,每一门课程都有其特殊性。语文课程最显著的特殊性在于,语文是实践性很强的课程,或者干脆说语文课程是实践性课程。实践性课程的特点在于必须通过实践获得能力。也就是说,语文素养的形成和提高在相当程度上要靠习得。这是语文课程与政史地等课程的根本区别。然而,能力还需要学得。因为能力的培养须以知识为基础和支撑。正如张建军教授所言:"培养逻辑思维能力最好的方法就是原原本本地学习逻辑知识。"也就是说,实践性课程同样需要课程知识。实践性更强的音体美也是如此。体育课程要教给学生各种体育运动的动作要领的知识,美术课程要给学生色调、视角和黄金分割律等知识,音乐课程要给学生有关换气和识谱的知识。不给相关的音乐知识,随意唱几首歌的音乐课一定不是好的音乐课。同样,只有课文却没有语文知识的语文课一定不是好的语文课。没有知识的实践必定是盲目的。没有语文知识的语文实践必定是盲目的。诚如石中英先生所言:"人类的实践是以知识为基础的,实践就是知识参与下的实践,实践的程度和范围是受着人类知识状况制约的。"①

反对语文课程知识价值的人,往往说鲁迅司马迁并没有学过那么多语文知识却是语文大家。可是他们没有考虑到,没有语文知识指导的语文实践,如同在黑胡同里乱撞,只有少数悟性极高的人才能冲出来。语言知识难道是语言学家们自己弄着玩儿的?语言知识的意义就在于指导人们学习语言,进行语言实践。人们经常说"熟读唐诗300首,不会吟诗也会吟"。但在有限的时间内,读280首,用读20首的时间来学习相关的知识,来学习写诗和吟诗的规律,效果是不是更好?效率是不是更高呢?语文课程知识的意义还在于:语文实践最好是在语言生活的具体情境中进行。离开了具体的语境,语言实践就失去了动力和是否得体的评价标准。语文实践也因此是一个长期的过程,甚至终身的过程。也就是说,学生的语文实践不是在学校中完成的,而语文知识的学习却应当在学校基本完成,以便为学生终身的语文实践做好知识的铺垫和准备。因此,即使我们考虑到语文课程的实践性,语文课程知识也是语文课程内容的主体或基础。

康德说:"没有内容的想法是空洞的,没有观念的直觉是盲目的。"语文课程知识对于语文课程是不可或缺的。离开了语文课程知识,语文课程内容就空洞

① 石中英.知识转型与教育改革[M].北京:教育科学出版社,2001.

了，语文课程就空洞了。徐林祥教授指出：“全日制义务教育和普通高中课程标准中，唯独两份语文课程标准没有‘内容标准’部分。语文课程内容事实上没有被列入语文课程标准研制所考虑的范围之内，而离开对语文课程内容的阐释，其他一切，包括课程目标的实质，教学实施的建议等，必然处于一种无所依靠的‘失重’状态。”①

《语文课程标准》缺失以语文课程知识为主体的语文课程内容，语文教材的编写就无法呈现语文课程知识，就难免陷入盲目性。叶(圣陶)老说：“课文无非是个例。”也就是说，课文是某种语文知识的例子。然而离开了语文课程知识，教材如何选择恰当的例子？选编的课文，又是哪些知识点的例子呢？为什么不同的语文教材，选文和体例有很大的差异？其根本原因就在缺失语文课程知识所造成的盲目性。那些好的语文教材，编者往往要自己绘制语文课程知识的蓝图。也就是说，编者要首先充当语文课程建设者的角色，才能较为顺畅地完成语文教材的编写任务。

离开了语文课程知识，语文教学同样会陷入盲目性。陈家彦先生说：“语文作为一门课程，必须有相应的内容，给教学一个应该教学什么的规定。”“课程内容体现在教材中，现行教材为单篇选文集锦……这些选文是如何体现课程内容的？哪些是属于课程内容的知识？‘用教材教’教什么？广大教师昏昏然茫茫然。”②语文课上成思想品德课、科技常识课和泛文化课，课堂讨论老虎该不该打，而不学作者如何写打虎，《我的母亲》讲母爱，就是不讲作者如何表达母爱和对母亲的爱。《中国石拱桥》的作业竟然是“为家乡设计一座拱桥”。有质疑者说，这是语文课还是建筑专业的桥梁设计课？因为缺乏明确的课程内容，这些语文教师的教学内容无法来自课程内容，而误将课文的内容作为教学内容。王力先生早就批评语文教学“少慢差费”，恐怕语文课程知识的缺失才是根本原因。

离开了明确而充实的语文课程知识，学生的语文学习和语文素养的建构，同样是盲目的。学生为什么不爱上语文课？为什么缺了课也不想补。恐怕其根本原因就在于语文课程知识或语文课程内容的缺失，因而在语文课上难以学有所

① 徐林祥．学生主体与语文知识内容的缺失——谈六十年语文教育的“得”与“失”[J]．语文建设，2009(C1)．

② 陈家彦．呼唤明确具体的语文课程内容[J]．语文学习，2007(9)．

得，难以获得语文学习的成就感。韩雪屏教授指出："语文课程没有带给学生多少获取知识、练就本领、启迪智力、涵养精神的兴趣和乐趣。这不能不说是语文课程与教学最大的悲哀了！"①

二、语文课程知识应当是成体系的

语文课程建设，需要的是成体系的语文知识，或者说，语文课程建设需要构建语文知识体系。哲学常识告诉我们，"整体大于部分之和"。不成体系的知识是零散的，凌乱的。不成体系的知识本身就表明了这些知识的随意性和盲目性。不成体系的语文课程知识会带来语文教材编写、语文教学和语文评价的许多困难。例如，如果汉语拼音方案不是系统的行吗？如果没有系统的文体知识，语文教材怎么编？统编初中语文教材的写作序列之所以编得好，就是因为编者心目中有一套写作教学的整体思路。从根本上说，不成体系的语文课程知识将干扰学生顺畅地构建语文素养。当下的《语文课程标准》由于缺少"语文课程内容"，只在《附录》中设置了《语法修辞知识要点》，特别是修辞，就是几个干巴巴的常用辞格。于是从小学到中学，语文教学就不断地重复这几个辞格。语文教学的效果和效率何在？学生老是重复这些望而生厌的语文知识，语文学习不倒胃口才怪。由于没有全面的系统的语文课程知识，也就没有"非要点"。"要点"也就不成其为要点。系统的语文课程知识，带给学生的不仅是语文知识本身和相应的语文能力，而且可以帮助他们理解知识之间的有机联系，理解人类构建知识的深层智慧，并养成深入思考的学习习惯。

语文课程改革之初存在着淡化知识或去知识化倾向。2001 版《义务教育语文课程标准》强调："不宜刻意追求语文知识的系统和完整。"这种淡化知识或去知识化的倾向是后现代课程观的负面影响使然。我们知道，课程改革的指导思想是后现代课程观。后现代文化总体上是积极的，进步的，合理的。后现代课程观有许多进步的东西，例如多元价值取向、以学生为主体、倡导自主合作探究的学习方式等。但是后现代文化以及后现代课程观过度解构的倾向也带来了一些

---

① 韩雪屏.语文课程知识初论[M].南京：江苏教育出版社，2011：07.

负面影响。“不宜刻意追求语文知识的系统和完整”，正是这种负面影响的表现。后现代文化，后现代文学思潮和哲学思潮的本质是解构一致性，是反科学主义。在科学主义泛滥的西方文化中，反对科学主义是合理的，进步的。然而在我国科学知识远未普及，特别是科学精神远未确立的社会文化背景下，盲目地反对科学主义，很可能反掉的是科学。我们不能不加以警惕。

当今世界的娱乐文化、新媒体文化和浅阅读正在造成文化的碎片化。一百年前小赫胥黎《美丽的新世界》的预言正在变为现实：“人们只知道笑，却不再思考，并且不知道为什么不再思考。”[①]如果我们的语文知识本身就是零散的、凌乱的、碎片化的，那么又怎么能够让学生警惕和防止文化的碎片化呢？或者说，那岂不是在为文化的碎片化推波助澜？这绝不是危言耸听。

其实我们的《语文课程标准》中就有系统的语文课程知识的典范，例如300基本字和3 500常用字。目前的课标是将基本字表和常用字表放在《附录》中了。其实，这些知识都应当放在《语文课程内容》中。苏新春教授领衔研制的《义务教育常用词表》也正是系统的语文课程知识的积极成果。

当然，我们所主张的语文知识体系，是语文课程内部的知识体系，有别于与语文课程相应的语言学的或文学的甚至于文艺理论的知识体系。比如，记叙文、说明文、议论文的三大文体就是语文课程内部的文体系统。又如，语文课程知识系统中的逻辑知识体系，并非将逻辑学的全部知识体系搬过来，而是应当选取逻辑学知识的主干甚至一些要点，但这些要点也必须是有机的，成系统的。例如逻辑学中的关系逻辑，因其与其他知识关系并不密切，与主线条的相对完整几乎无关，那么语文课程知识体系中就可以完全不要关系逻辑。语文课程知识体系，还在于语文课程知识的教学序列。例如语文课程知识的学段分布。

三、语文知识体系应当重构

重视语文知识体系，并不是重复以往的任何语文知识体系，而是应当重构语文课程知识体系。过去我们常说的“字词句篇，语修逻文，听说读写”，是有道理

① ［美］波兹曼．章艳译．娱乐至死［M］．桂林：广西师范大学出版社，2004：211.

的，重构语文课程知识体系，应当继承其合理的思想和内容。但这还不够，还要创新。重构语文课程知识体系，应当考虑知识的历史性，更应当考虑知识的时代性，考虑语文知识的时代性和民族性，考虑文化和教育的时代性。

考虑语文知识的时代性，就是要考虑与语文学科相应的语言学等学科的当代成果。例如语用学。我们知道，结构主义的语言学认为，语言是以语音为物质外壳、以词汇为建筑材料、以语法为结构规则的符号系统。这种结构主义的语言理论对于我们搞清楚语言的内部结构，特别是各子系统的内部结构起到了重要作用。然而，这种结构主义的语言理论是静态的，对于指导生动的语言交际不够切实有力。于是语用学应运而生。语用学指导人们从语言符号与语言的使用者的关系来分析语言，从而使语言分析别开生面。因此，语文课程知识体系应当积极地吸收语用学的研究成果。语用知识的吸收可以使得语文教学从语形语义的层面提高到语用的层面，创造更生动的语文教学，使学生语文素养的建构提高一个层面而更有生机活力。再如逻辑学的知识。过去我们习惯说“概念、判断、推理”，而逻辑学早就将“判断”改为“命题”，这一改变已经成为逻辑界或逻辑研究共同体的共识。语文课程知识体系就应当顺应逻辑学科的发展，而以“命题”取代“判断”。

考虑语文课程知识体系的民族性，就是要特别注意我们的母语汉语和汉字的特点以及学习和使用汉语汉字的规律。例如，汉语语音有声母和韵母，有双声叠韵的构词形式和修辞手段，语文课程知识应当有“双声”和“叠韵”的内容。汉语语音有声调，有平仄，语文课程知识应当有“平仄”的内容。考虑语文课程知识的民族性，语文课程知识体系中的逻辑知识就应当与汉语密切联系。例如，在汉语中“……是……”和“如果……，那么……”是两个最容易出错的句式，因此，与此相关的命题和推理就应当作为要点。

考虑文化的时代性和教育的时代性，就要考虑媒体文化的发展和学生媒介素养的培植。例如读屏的知识和能力，或者说利用互联网搜集和处理信息的能力。考虑文化的时代性和教育的时代性，我们就应当注意到逻辑和批判性思维愈益重要。联合国教科文组织已经设立每年 1 月 14 日为世界逻辑日，《中国学生核心素养发展报告》已经将“逻辑清晰”和“思维的批判性”作为核心素养提出，人大代表和政协委员都有加强中小学逻辑思维能力培养的提案，教育部也正式复函采纳。语文课程知识的重构就不能不对与语文素养建构关系密切的逻辑和批判性思维的相关知识采取更为积极的态度。目前高中语文有《逻辑的力量》一个单元,其中的逻辑知识明显不足。讲“有效推理”,但究竟什么样的推理有效、什么样的推理无效,缺乏明确的知识。根本原因就在于语文课程知识体系中缺乏明朗的逻辑知识,编者难以从容地呈现相关知识。

重构语文课程知识体系,最根本的是要考虑语文素养需要什么样的知识,需要哪些知识。特别是要考虑目前的《语文课程标准》明显缺少的知识。例如,《语文课程标准》只有《常用字表》,却没有《常用词表》,那就应当努力填补空白。苏新春教授主持研制的《义务教育常用词表》(草案),已经由商务印书馆以绿皮书的形式出版发行。应当组织力量积极向社会各界征求意见,加以修改完善,尽早收入《语文课程标准》。教育界和语言学界应当积极打通,形成合力。教育部教材局委托的“中小学语文知识体系研究”课题组正可以实质性地推进这项工作。

语文课程知识重构,特别应当重视语文审美的知识。当代文化愈益重视审美教育。教育当以美育为魂。语文美育应当是语文教育的灵魂。

结语

石中英先生说:“实践呼唤着知识,知识呼唤着教育,教育通过知识的筛选、传递、分配、积累和发展而为实践服务,推动实践的发展,并由此向实践提出更多、更高、更为复杂的知识需求。这就是实践、知识和教育之间的辩证法。”[①]重构语文课程知识体系,需要这样的深刻思想。

若干年之后,当我们回头看的时候,也许会发现:语文课程改革第一个十年的里程碑,是2011版语文课标的能力回归。而第二个十年或稍长一些时间的里程碑,则正是当下的知识重构。

① 石中英.知识转型与教育改革[M].北京:教育科学出版社,2001.

例五

新课程并不拒绝教学模式

《语文建设》2004年第6期发表了刁瑞珍先生的文章《从遵循模式走向创造风格》(以下简称《从》),文章提出了一些无法回避的问题;语文教学有没有教学模式?该不该有教学模式?教学模式与教学创新有怎样的关系?教学模式与教学风格关系如何?教学模式与课程改革又是怎样的关系?笔者愿就这些问题略陈管见,与刁瑞珍先生商榷,并求教于大家。

一、教学模式的肯定性

语文教学有没有教学模式?该不该有教学模式?回答应当是肯定的。所谓教学模式,指的是教学过程的基本结构或典型形式,这是一个实践概念。任何实践总要表现为一定的过程。任何一种实践活动的过程,总有它的基本结构或典型形式。合理的过程结构形式是客观规律的正确反映,也是正确的实践理念或实践原则的反映。同样,合理的、科学的语文教学模式是语文教学规律的正确反映,也是正确的语文教学理念或教学原则的反映。

教学模式的实践价值在于其简约性和可模仿性。简约性是说,教学模式舍去了复杂的教学过程中那些具体的、次要的、非本质的东西,而抽象出主要的或本质的东西,或者说教学模式是用简约的方式反映教学过程。可模仿性是说,人们可以按照教学模式所提供的教学过程的基本框架进行实践操作,正因为其简约,所以便于把握,正因为其可模仿,所以便于操作,有再生的实践价值。《从》文问道:“果真存在着这样的可以照着做的模式吗?”这一反问的倾向是否定的。然而文章并没有作出明确的回答，也没有给出否定的理由。其实，教学模式是一种无法否认的客观存在。刁先生文章的题目“从遵循模式走向创造风格”，本身就预设了教学模式的存在，不存在又何以遵循呢？文章中所提到的魏书生老师的“六步课堂自学法”不就是一种教学模式吗？钱梦龙老师说得好：“我反对程式化，但是并不反对一定的程式。”“教学过程必然有其内在规律，也就应该有反映内在规律的一定的程式。”

二、教学模式的相对性

我们明确教学模式的客观存在和实践价值，并不是要将教学模式绝对化，而是同时强调其相对性。

教学模式的相对性首先表现为并非所有的教学模式都是合理的。那些未能正确反映教学规律的教学模式就是不合理的，不足取的。例如“一时代背景，二作者介绍，三段落大意，四中心思想，五写作特点”的教学模式就未能揭示语文教育的规律，因而是不合理的。这是新中国成立初期从苏联传过来的文学教育的模式，文学教育并不等于母语教育。先段落大意后中心思想也违反了从整体到局部再到整体的认知规律。“写作特点”的提法，既容易使人只关注写作方法而忽视言语习得，更容易使人关注特殊技巧而忽视一般规律。

教学模式的相对性也表现在，那些合理的、积极的教学模式也并非绝对真理，它只能在某个侧面、某个层次、某种程度上揭示或反映教学规律，因而也就只具有相对的真理性。所以，一方面应有多种教学模式并存，另一方面，诚如王云峰先生所言，对于教学模式的探索应当是一个不断建构、解构和重构的过程。

教学模式的相对性还表现在，教学模式是有层次的，有的教学模式是在哲学层面上的，例如：“形式—内容—形式”，有的教学模式是在行为层面上的，例如“读读—议议—讲讲—练练”，哲学层面的教学模式与教学原则联系更密切，行为层面的教学模式与教学方法的联系更密切。

教学模式的相对性更表现在，教学模式只是一个教学过程的基本框架，并不等于教学过程的全部。人们在按照一定的教学模式实施教学的过程中，要充实许多生动的具体内容，甚至要对教学模式作某些必要的、切合实际的调整。采用相同的教学模式，可以有成功的甚至精彩的教学，也可以有失败的甚至糟糕的教学。这其中有教师教学功力的差异，更有对教学模式背后哲学主题和教学理念理解和把握的差异。我们之所以反对模式化教学，就是因为模式化教学缺乏对于教学模式背后哲学主题和教学理念的理解，不顾具体的教学对象、教学内容和教学情境，囿于某一种教学模式，进行机械的、生硬的、缺乏灵性的教学。正是在这个意义上，我赞同刁先生的意见。《从》文的主要价值也正在于此。

三、教学模式与教学风格

刁先生主张从遵循教学模式走向创造风格。似乎教学风格和教学模式不能同在，有教学模式，就没有教学风格，要教学风格，就不能要教学模式。教学模式与教学风格果真是这样的水火不容吗?

所谓风格，指的是事物在内容或形式方面所表现出来不同气度、格调，诸如文章风格、语言风格等。有的疏朗，有的繁密；有的凝重，有的轻灵；有的清秀，有的雄浑。“小桥流水”和“大漠孤烟”就是两种不同的风格。教学当然也有不同的风格。于漪老师的教学风格是精雕细刻，讲究雅致，魏书生老师的教学风格是大刀阔斧，追求高妙。然而，风格是在把握规律基础上的创造，是体现共性的个性特色，而不是背离规律的主观随意，不存在游离共性的个性。叶圣陶先生的文章以平实见长，朱自清先生的文章以灵秀见长，然而却是同样的严谨，同样是文章的正格。教学风格又何尝不是如此，魏书生老师特别注重学生的主体地位，强调自学，却并不是放任自流，于漪老师突出体现教师的主导作用，却同样充分发挥学生的积极性。

教学风格并非完全空灵的东西，它必然要依存于教学方法、教学语言、教学节奏等具体的内容，同样可以依存于教学模式。教学风格往往渗透在相应的教学模式中，或者说不同的教学模式往往体现不同的教学风格。正因为如此，有时某种教学模式可能会束缚与之不相适应的教学风格的形成和发扬，这时，人们就可能调整教学模式。然而这并不意味着这种风格不能形成或适应另一种教学模式。同时，同样的教学风格可以运用不同角度的教学模式，比如“形成—内容—形式”，“整体—局部—整体。”就可以统一在同一种教学风格中。同样的教学模式也可以有不同的教学风格，特别是对于那些哲学层面的宏观模式更是如此。比如，同样用“整体—局部—整体”的教学模式，由于教学方法、教学语言，教学节奏的区别，就可能呈现不同的教学风格。总之，教学风格与教学模式是交叉关系的两个概念，决不是非此即彼，水火不容的矛盾关系。人们的思维有时会出问题，要社会主义就可以不要苗，要公有制就不能要市场经济，要张扬人文精神就羞于谈科学。要教学风格就真的不能有教学模式吗？

四、教学模式与课程改革

《从》文说得好：“走进新课程，首先要走的一步是学习新课标，更新教育理念。但是，更为重要、更为艰难的一步却是教学行为的转变。这是因为当陈旧的教学形式和方法还很顽固地存在着的时候，与之相适应的教学理念是很难彻底改变的，习惯和因袭会使有关新理念的说教变得苍白无力。”刁先生的这一思想是实事求是的，是合乎规律的，是中肯的，实在是真知灼见。也就是说，新课程展开的关键是将新的教学理念贯彻到实践中去。既然如此，我们就应当鼓励教师对新的教学实践的追求，其中就应当包括对新的教学方法和教学过程的追求，而对新的教学过程的追求就可能包括对新的教学模式的追求。追求，无非是创造或者学习。在自己尚未创造出来的时候，或者在创造的同时希望学习别人，希望得到示范，又何错之有？怎么反倒成了心理障碍？

《从》文主张创造，主张创造风格，这当然很好。然而离开了教学方法和教学过程等要素，教学风格又何以存在。更重要的是，风格的形成，需要一个较长的时间，在新课程开始的时候，在我们急需把新的理念转变为新的行为的时候，就强调风格，是不是有些好高骛远？打个比方，在白话文运动之初，我们是更应当提倡白话文的不同风格呢，还是更应当提倡使用白话文的词汇和句式进行白话文写作呢？

《从》文反对在新课程中追求教学模式，并且批评了教学模式的三个弊端：“教学模式的存在不利于学生在阅读中获得独特感受”“教学模式的存在不利于学生的个性化写作和有创意的表达”“教学模式的存在不利于学生的个性化学习方式的形成和发展”。然而这种批评指责却是缺乏根据的，不能成立的。第一点批评的理由是遵循教学模式的结果“必然是以教师的讲解代替学生的感受”。果真如此吗？试问，朱绍禹先生“以文明道，因道悟文”的教学模式怎么会以教师的讲解代替学生的感受？“初读—精读—复读”的教学模式又怎么会以教师的讲解代替学生的感受？教学模式就一定是教师讲学生听吗？第二点批评的理由是长期以来“写作教学是在经验主义和科学主义的操控下交替地运行着”。然而，这是教学思想的错误，而不是教学模式的弊端。第三点批评的理由是“没有一种模式可以适用于学生”。然而，一方面，多样的学习模式不就可以适应多样的学生吗？另一方面，学习模式与教学模式是不同的两个概念。

《从》文的批评如果换一个对象，把“教学模式”换成“错误的、盲目的、落后的教学模式”，那么这些批评完全成立。课程改革在否定落后的教育教学观念的同时，当然应当否定落后的教学模式。事实上，对于以往的教学，我们的反思还很不够。我们应当研究，有哪些教学模式是错误的，落后的，不可取的？这些教学模式的弊端究竟在哪里？其中的哲学主题和教学理念有什么谬误？它在哪些方面违背了教育教学规律？以往的教学模式，是不是有的与课程改革理念是一致的，适合的？比如钱梦龙老师，魏书生老师的教学模式。有哪些教学模式还有其相当的合理性？应当作什么样的调整？而且，在解构错误的、落后的教学模式的同时，我们应当探索并创造新的教学模式。

我们盼望着课程改革扎扎实实地、健康地发展。

例六

优化学科教学思想应当是教师发展的核心价值指向

不少的教师培训效果不理想,其原因往往是培训思路出了问题。反思这些培训,我们须确立这样的信念:优化学科教学思想,应当是教师发展的核心价值指向。

一、通识主义的培训思路是不足取的

反思各种低效的教师培训,我们认为,通识主义的培训思路是不足取的,因为它脱离实际。

目前的许多培训,其培训方案中有很多“……主义”“……课程观”“……教育思想”等课程,而较少体现学科教学特点的课程。这样的课程安排体现了一种通识主义的培训思路。实践证明,这样的培训往往效果不佳。

诚然,教育和教学有许多共同的规律,也应当有共同的价值追求。每一个具体的学科,都应当遵循这些共同的规律,都应当自觉地接受一般教育理论和教育思想的指导。人们常说的通识,就是指一般教育理论,一般教学理论。然而,每一个具体的学科,又具有其特殊的矛盾和特殊的规律。内容决定形式,是哲学的常识。数学的教学原则方法与语文的教学原则和方法因其内容的区别而根本不同。历史的课程目标与物理的课程目标其结构也迥然有别。因此我们需要具体的学科教学理论。

在社会的转型期或教育变革的重要关头,一般教育理论或教育观念具有更重要的价值。因而，在世纪之交，在这一次课程改革刚刚起步的时候，需要新的教育教育观念和新的教学思想，教师培训应当有大量通识的内容。例如，倡导自主、合作、探究的学习方式，无论哪一个具体的学科，都需要倡导这种学习方式，无论哪一个学科的教师，都应当确立这样的教学思想和教学理念。

然而，课程改革已经进行了十多年，不少教师已经接受过多次不同形式的培训，许多新的教育教学理论，第一线的教师也往往耳熟能详。不少教师也在深入学习这些新的教育教学理论。课程改革的主要问题是，如何将这些新的教育教学思想与具体的学科结合起来。因此，当前或今后一个时期的教师培训，再如同课程改革之初那样，安排大量通识课程，是不恰当的，不合时宜的，不可能取得好的效果。

我们在一些培训之前，往往要对学员进行问卷调查。对于"你目前教学中的主要困惑是什么？"这一问题，多数教师提出的困惑指向具体学科。对于"你对以往各种培训的主要意见是什么？"这一问题，多数教师提出的意见是专家讲的理论太空洞，联系实际不够。这些第一线教师的声音，应当引起我们的反思。

二、技术主义的培训思路是不足取的

反思各种低效的教师培训，我们认为，技术主义的培训思路也是不足取的，因为它缺乏思想。

也有一些教师培训，从一个极端走到了另一个极端，那就是技术主义的培训思路，其培训方案中有很多"……式""……法""……步"的安排。实践证明，这样的培训，效果同样不佳。

诚然，教学需要方法和技术，在某些特殊的情况下，甚至要精确到一招一式，为了教学的顺畅和高效，教师也应当锤炼自己的基本功，就像京剧的唱、念、做、打那样，优秀教师或者名师的教学经验和逐渐形成的体现自己教学风格的教学模式也应当学习和借鉴。然而，手段是为目的服务的，当一位教师对于自己执教的学科的课程目标不够清晰的时候，对具体的教学内容缺乏明确而恰当的教学目标的时候，特别是对该学科最本质最深刻的价值追求缺乏理解的时候，那些在名师那里熠熠生辉的教学方法到了自己的手里也就黯然失色了。

记得20世纪90年代初的一次会议的休息期间，我正与魏书生老师聊天，有教师来向魏老师请教教学方法，魏老师回答："第一是改变自己，第二是把学生当人，第三才是教学方法问题。"90年代中期，魏老师应邀为我们的师范生讲学。下课时，有附中的老师急匆匆地赶来，向魏老师请教教学方法，魏老师说："这问题几句话大概说不清楚吧。"然后看着我笑了笑，似乎在说，还记得那次谈话吗？

现代科技如多媒体和网络的发展为教学创造了新的条件和手段，然而当我们忘记了这些东西的手段性质，忘记了手段是为目的服务的这样一个常识，这些手段及其利用这些手段的技术就可能成为枷锁。在许多地方，是否运用多媒体已经成了评价课堂教学的必要条件，甚至有很高的权重。当下教育中的技术主义泛滥正与技术主义的培训思路互为因果。

经常到中小学去听课，发现我们很多教师教学的基本功很好，一招一式，一颦一笑几乎无可挑剔，甚至近乎完美。然而，他们的课又的确是有问题的。这样的现象启发我们：教师发展的主要障碍并不在于方法层面或技术层面，而是教学思想有问题。面对这样的实际情况，技术主义的培训思路能解决什么问题呢？

三、教师发展应当以优化学科教学思想为核心

我们否定了通识主义和技术主义的培训思路和教师发展思路，那么教师发展的正确思路是什么呢？我们的回答是，以优化学科教学思想为核心。其理由如下。

首先，教师的核心价值在于教学，而不在于理论研究。教师需要学习和研究理论，而其主要目的在于通过理论的指导提高自己的教学水平。因此，教师的理论学习和理论研究若不与自己具体的教学实践联系起来，不能优化本学科的教学思想，那样的理论学习和研究也就失去了最根本的意义。

其次，教师教学素养的核心在于学科教学思想。教师的教学素养大致可以分为三个层面：第一层面，对教育和教学规律的一般理解；第二层面，本学科的教学目标、教学内容和教学原则等；第三层面，教学的基本功，或运用本学科教学方法的自觉、自如程度。在教师的教学素养中，学科教学思想处于核心的地位，对教育教学规律的一般理解，或一般教育教学思想，通过学科教学思想对教师的教

学实践发挥指导作用，离开了学科教学思想，一般教育教学思想就会隔着一层，显得空洞。教学的基本功，或方法、技术层面的东西，只有在学科教学思想的指导下，才能获得灵动的生命，离开了学科教学思想，方法和技术层面的东西也就失去了意义。

再次，教师理论研究的最大优势在于学科教学思想。教师理论研究的价值可以超越自己的教学，上升到理论层面本身。那些优秀的教师，凭借自己丰富的教学经验，对教学和教育具有真知灼见，这些真知灼见的提升可以产生最有价值的教学思想和教育思想，或者说，这些教师的真知灼见是教学理论和教育理论发展的真正的源泉。然而，教师理论研究的优势仍然在于学科教学思想，而并不在于一般教育教学思想。因为，从具体的教学经验到一般教育教学思想，理论上的路径较长，空间较大，因而，教师个体的教学经验对理论的支撑力度会越来越小。而在学科教学思想层面，个体教学经验对理论的支撑力度更大，逼近真理的可能性也就更大。事实上，历史上和现实中，那些名师对教育教学理论的贡献也往往在于学科教学思想。即使是对一般教育教学理论做出重要贡献的教师，也首先对学科教学理论做出贡献，然后才能合乎逻辑地上升到一般教学理论甚至一般教育理论。

综上所述，将优化学科教学思想作为教师发展的核心，最有利于教师的发展，最有利于教师价值的体现。

例七

“将传统文化融入语文教育”是一个伪命题

时常看到有人说，要“将传统文化融入语文教育”或者“在语文教育中融入中华优秀传统文化”。这样说的有大学教授，有中小学教师，有教研员，也有教育行政部门的领导。看起来，这样的说法似乎很重视传统文化。然而遗憾的是，这种说法是不能成立的，“将传统文化融入语文教育”是一个伪命题。

所谓“融入”，是说将甲物放进乙物使之融合。例如，将盐融入水，将药物融入生理盐水等。“融入”的预设是，甲乙两者是完全不同的两种事物，我中无你，你中无我。否则便不能称之为“融入”。“将传统文化融入语文教育”，其预设是，传统文化与语文教育是两种完全不同的事物。那么，“传统文化”与“语文教育”果真是两种完全不同的事物吗？回答是否定的。

什么是语文教育？语文教育就是母语教育。联合国教科文组织世界母语日的主题是:“母语是一个民族文化的灵魂。”中华民族文化的灵魂既不是孔孟之道，也不是老庄哲学，而是孕育了孔孟之道和老庄哲学，培养了诗经楚辞和唐诗宋词的汉语，即我们的母语。语文教育，正是中华传统文化核心或灵魂的教育。换言之，语文教育就是中华传统文化的教育。所谓“将传统文化融入语文教育”，岂不是无稽之谈？

语文课程以什么方式呈现？语文课程的呈现方式是以文选为主的语文教材。也就是说，语文课程要以言语材料的方式学习语言。语文课程要以母语写成的文章作为课文来学习母语。任何文章都是语言形式与思想内容的统一。语文教材的课文是汉语与民族文化思想内容的统一。学生读这些课文，受到的正是中华文化的感染熏陶和潜移默化。所谓“将传统文化融入语文教育”，岂不是无稽之谈？

上述论证告诉我们，语文课程的课文，从形式到内容全是中华民族文化。语文教育就是从里到外的、彻头彻尾的传统文化教育。正如《语文课程标准》在“前言”中所说：“语文课程对继承和弘扬中华民族优秀文化传统和革命传统，增强民族文化认同感，增强民族凝聚力和创造力，具有不可替代的优势。”所谓“将传统文化融入语文教育”的说法何其荒谬？“将传统文化融入语文教育”是典型的伪命题。声称“将传统文化融入语文教育”，貌似重视传统文化，其实对语文课程的民族文化特征视而不见，对语文教育作为传统文化教育的本质视而不见。

既然“融入论”不能成立，为什么还有许多人要这样说？“融入论”的出现，有着多方面的原因。

“融入论”的出现，其原因首先在于思维的混乱。“融入论”者自己明明白白地说：“语文教材中许多经典篇章本身就是中华传统文化的承载内容与表现形式。”还要说“将传统文化融入语文教育”，这不是自相矛盾吗？因为你说“将传统文化融入语文教育”，就预设语文教育中没有传统文化，这就是自己跟自己打架。作者举例说：“用《静夜思》《永遇乐·京口北固亭怀古》等培植学生的乡土观念和家国情怀，用《长歌行》《明日歌》《悯农》《蚕妇》等培养学生的惜时品质和惜物意识等。”问题是，这些篇章本来就在语文教材中，有的还是《语文课程标准》推荐的背诵篇目，学生读这些篇章，受到的正是作者所谈的美好情怀的感染熏陶。何谈融入？这不等于在说“将水融入水”“将酒融入酒”一样不可思议吗？

“融入论”的出现，其原因还在于文化心态出了问题。“传统文化”是一个闪着光环的术语。吊诡的是，在当下的社会文化语境中，“传统观念”是一个贬义词，“传统思维方式”似乎也是贬义词，而偏偏“传统文化”却是一个褒义词。似乎一旦谈论“传统文化”，就把自己置于一个道德高地，成了正义的化身。“传统文化”的光环，可以使论者心中充满道德优越感和神圣感，究竟讲了什么道理，也就似乎不那么重要了。殊不知概念本身并不能表达思想，概念组成的命题才能表达思想。“传统文化”这一概念同样如此，关键还是要看用“传统文化”这一概念组成了怎样的命题，作出了怎样的论断，表达了怎样的思想，要看这一命题是否真实，其论断能否成立。

“融入论”的出现，也反映了论者对传统文化理解的肤浅和狭隘。他们不明白语言不仅是文化的载体，同时也是文化本身，他们不明白母语是一个民族文化的灵魂，而把传统文化局限于精神层面："我们说要弘扬民族文化，其实就是弘扬这些精神。""这些精神是文化的灵魂，至于诸子百家，诗词歌赋，其实都是这种精神外化的寄托，都是有灵魂派生出来的。精神为本，文本为末。"

在精神层面，他们把传统文化局限于道德教化："特别是在经济建设迅猛发展，外来文化滚滚而来的今天，道德意识正逐渐淡漠，我们中小学教师应该看到传统文化在学生健康成长中的重要作用。"他们看重的是思乡的《静夜思》和惜时的《长歌行》，从来没有看到哪位"融入论"者倡导读《关雎》。他们不明白，甚至没有想过为什么《诗经》的第一篇是《关雎》。

即使在道德范畴，"融入论"者的视域也很窄。他们最感兴趣的是用来约束青少年言行的《弟子规》。颇有意味的是"融合论"者倡导的《悯农》，只是"锄禾日当午，汗滴禾下土。谁知盘中餐，粒粒皆辛苦"，却没有"春种一粒粟，秋收万颗子。四海无闲田，农夫犹饿死"。难道惜物才是美德，而同情劳动者，主张社会公平不是美德？还是语文课程标准高明，在优秀诗文的推荐篇目中，两首《悯农》都有。

他们将传统文化局限于孔孟的儒家文化，而对《墨子》的《非攻》和庄子的《秋水》不屑一顾。更为严重的是，他们对传统文化不作反思，不区别传统文化的积极内涵与负面因素。他们主张的传统文化中甚至包含了迂腐的忠君观念："是什么原因使诸葛亮坚持留在蜀国，帮助昏庸的后主'北定中原，兴复汉室'呢？"让学生"把握人物高尚的精神境界：欲报知遇之恩，有感恩之德；定要兴复汉室，有慨然大志；尽力辅佐后主刘禅，有以国家利益为己任，鞠躬尽瘁，死而后已的伟大精神。"这位"融合论"者明知刘禅昏庸无能，却置之不顾，只要是忠，就要大讲特讲。甚至让学生以刘备的口吻写一篇托孤辞。试问，这样的传统文化是优秀的吗？向学生灌输这样的文化究竟是为了什么？我们究竟要把学生引向何处？培养成什么人？

"融入论"的出现，其根本原因在于对语文课程的误解。"融合论"者压根儿不管语文课程标准对语文课程的基本定位："语文课程是学生学习运用祖国语言文字的课程。"他们误把思想教育作为语文课程的主要目标，误将课文的内容作为语文教学的主要内容，甚至为了思想教育的目标还要从思想内容拓展开去。

“融入论”在理论上是荒唐的,在语文教学的实践中是非常有害的。有教师教邹韬奋的《我的母亲》,没完没了地讲母爱,就是不学作者如何表达母爱和对母亲的爱。讲完了母爱,就让学生读教师自己在课前不辞辛劳写的《我的父亲》。在这位教师看来,不如此便不足以进行充分的亲情教育。教王安石的《游褒禅山记》,竟然以王安石的“制俗以俭”为中心,“引导学生理解党和政府在新中国倡导‘制俗以俭’而做出的努力,珍惜眼前的美好、幸福生活,激起对国家、对政府的热爱,培养正面思考和解决问题的能力。”教《紫色风铃》还要让学生背诵《弟子规》和《三字经》。

当然,语文课程是工具性与人文性的统一,语文课程在培养学生理解和运用祖国语言文字的能力的同时,还要发挥其伦理功能,提升学生的精神境界。而且高尚而丰富的精神境界可以形成语言发展的强大动力。因此,语文教材选篇应当坚持文质兼美的原则。《语文课程标准》在“教材建议”中,明确提出:“教材要注重继承与弘扬中华民族优秀文化和革命传统,有助于增强学生的民族自尊心和爱国主义情感。”在“附录”中,提出了“优秀诗文背诵推荐篇目”,其中小学75篇,初中61篇。在“附录”“关于课外读物的建议”中,还有童话、寓言、成语故事、神话故事、历史故事和民间故事等。然而,所有这些,都是语文课程的内在需要,是语文课程的有机内容,并非为了所谓的“融入”而外加香油一勺。

例八

文何以载道才是语文教学的大道

——语文教学的哲学思考

语文课应当教什么?

这是问题吗?可是这似乎不是问题的问题却偏偏出了大问题。一位教师教邹韬奋《我的母亲》,不厌其烦地进行母爱教育,就是不引导学生学习作者是如何表达母爱和自己对母亲的爱。一位教师教《本命年的回想》,课堂上讨论的是过年的风俗,就是不研究课文如何写过年的风俗。一位教师教《中国石拱桥》,作业竟然是为家乡设计一座拱桥。有质疑者说:"这是语文课,还是桥梁专业的设计课?"

他们为什么这样教语文?因为他们误将课文的内容当成语文教学的内容。殊不知,课文的内容与语文教学的内容是两个不同的概念。语文教学的主要内容应当是用什么样的语言形式来表达思想情感。也就是说,"文何以载道",才是语文教学的主要内容,才是语文教学的根本大道。这是一个颇有哲学意味的话题。

语文教学的材料是一篇篇课文。任何文章都是形式与内容的统一。形式与内容的关系是语文教学的根本问题,或者说,形式与内容的矛盾是语文教学的基本矛盾。然而,语文教学中形式与内容的关系,与社会上一般人读文章时形式与内容的关系是不一样的。一般人读文章,更关注文章的内容。例如,地方日报一则停水的通知,人们关心的是什么时候停水,什么时候恢复供水,而不太关心通知的语言形式。读一部小说,人们更关心的是人物的性格及其命运,而不太在意小说的艺术形式。而语文教学更应当关注的恰恰是文本的语言形式。这是因为，语文课程的基本目标或者说语文设科的基本出发点在于培养和提高学生理解和运用祖国语言文字的能力。因此，课文的语言形式应当成为语文教学的主要内容。这就是语文教学中形式与内容的辩证关系。正如书法：一首唐诗，可以用柳体写，可以用欧体写，唐诗是内容，柳体或欧体是形式。然而当我们研究或欣赏书法艺术的时候，情况发生了变化，书法艺术成了我们欣赏的内容，柳体书法艺术既可以通过一首唐诗来表现，也可以通过一首宋词来表现，唐诗或者宋词成了柳体书法艺术赖以存在的形式。

当前语文教学实践的主要弊端就是游离课文的语言形式，没完没了地讨论课文的文化内涵，把语文课上成了思想品德课、科技常识课，或者是泛文化课。那样的语文教学必然是低效的。一位小学老师教《真理诞生于一百个问号之后》，讲完了课文中的三个例子，教师又补充了两个例子，其目的就是要强化课文的主题思想。可是她偏偏不引导学生学习课文中很有价值的语言表达。作者在写第一个例子前说："就拿洗澡来说吧"，第二个例子前说："无独有偶"，第三个例子前说："最有趣的还是"。正是这三句话将三个例子连贯起来，与课文的其他表达联系起来，使课文成为一个有机整体。学会了这些，就掌握了组织文章结构的一种方法。一个小学生学会了这样的表达，即使到了初中，其作文也是上乘。本文开头提到的《我的母亲》，教学的主要内容应当是作者如何表达母爱和自己对母亲的爱。例如，作者说："母亲去世的时候，才二十九岁。"这个"才"就应当好好学，因为它表达了作者对母亲英年早逝的惋惜之情。没有这个状语，就显得冷冰冰的。状语重要，你还得用得恰当，否则还不如不用，要不你把"才"换成"已经"试试。

"落霞与孤鹜齐飞，秋水共长天一色"之所以成为千古名句，主要不因其思想价值高，而是因其所表现的作者的言语智慧高。赣江上空的这一景象不知有多少人见过，不就是有些云霞，有野鸭子在飞吗？是作者的言语智慧创造了一种意境。"杨柳依依""桃花灼灼"的价值，主要不在于杨柳和桃花的可爱，而在于作者以最恰当的最美妙的语言表现了杨柳和桃花的可爱。用"依依"来表现杨柳的婀娜，以"灼灼"来表现桃花的明艳，生动之至，简洁之至，贴切之至，美妙之至，几千年来无出其右者。联合国教科文组织为世界母语日提出的主题是"母语是一个民族文化的灵魂”。中华民族文化的灵魂既不是孔孟之道，也不是老庄哲学，而是孕育了孔孟之道和老庄哲学，培养了诗经楚辞和唐诗宋词的汉语——我们的母语。

阅读教学就是要引导学生从字里行间汲取作者的言语智慧。我给“国培”班的骨干教师讲这个道理，老师们说：“现在明白学生为什么写不好作文了，阅读教学不引导学生汲取作者的言语智慧，学生怎么能学会写作文？”2011 版《语文课程标准》明确提出：“语文课程是学生学习运用祖国语言文字的课程。”这一表述具有拨乱反正的意义。这是十年来中国语文教育最了不起的进步。

当然，语文课程有人文性，但语文的本质属性是工具性，语文是一种表情达意的人文工具。语文教学具有多重功能，语文素养中还应当有情感态度价值观，而且积极的情感态度价值观能够促进语文能力的提高。但情感态度价值观的培养应当渗透到听说读写的语文活动过程中去，而不是外加香油一勺，更不能喧宾夺主。

哲学(philosophy)即“爱智慧”。哲学是对事物的深刻理解，是一种智慧、一种灵气。当我们从哲学层面来思考语文教学的时候，许多问题会豁然开朗，常常让我们仿佛一下子洞见了语文的本质。

例九

语文教材应当坚持文体组元

课程改革之前的语文教材，是文体组元，即按照相同的文章体裁来组织单元。课程改革语文实验教材，变成了文化主题组元。以初中语文实验教材为例，除语文版教材坚持了文体组元，其他教材基本上是文化主题组元。语文教材编写体例上的一变化。究竟是历史的进步，还是误区？我们应当作冷静的分析。

主题组元方存在着难以解决和回答的问题。

第一，选择哪些文化主题？

文化主题组元，在刚开始编教材的时候似乎很顺利，一个单元一个主题。编着编着就会发现问题：文化主题是无限丰富的，而教材的单元却是有限的，一册教材六七个单元，一套教材三四十个单元，那么多有价值的主题没处放，放不进去。这样，问题就来了：究竟应当选择哪些主题，不选哪些主题？不好选的根本在于选择的标准说不清，谁试图找到这样的标准，最后都会发现那个所谓的标准并非本质的，因而无法成立。课程改革刚开始的时候，实验教材的送审是分批的，并非一下子就把初中六册教材全部编完再来送审，于是第一批送审的前几册在编写的时候将矛盾掩盖起来了，等到发现问题已经晚了，遇到了两难的境地：你要改为文体组元，那就是整套教材的结构体例不一致。例如，苏教版的八年级下册就改为文体组元了。你要坚持整套教材体例一致，那就只能硬着头皮坚持主题组元。

第二，文化主题如何排序？

文化主题组元遇到的第二个难题是选出的那些文化主题，哪个放在前面？哪个放在后面？关键还是在于，那样排序的学理依据何在？语文课程的规律能够解释吗？以苏教版初中语文七年级上册为例，六个单元依次为“亲近文学”“金色年华”“民俗风情”“多彩四季”“关注科学”“奇思妙想”，为什么“金色年华”一定要在“亲近文学”之后，谁说得清？为什么“民俗风情”一定要在“多彩四季”之前，谁说得清？

第三，单元主题正好是每篇课文的主题吗？

一个文化主题一个单元，一个单元下面四五篇课文，这一主题概括得了这几篇课文的文化内涵吗？这一主题正好是每一篇课文的主题吗？如果概括不了，揭示得不准确，岂不是在误导学生，岂不养成学生囫囵吞枣，不求甚解的坏习惯？仍以苏教版教材八年级上册为例，第六单元的主题是“奇思妙想”，用来涵盖第一篇《天上的街市》还差不多，但是用来涵盖第四篇《皇帝的新装》恰当吗？是说骗子的奇思妙想，还是作者的奇思妙想？编者当然可以解释为作者的奇思妙想，但如果有学生竟然觉得骗子的骗术是奇思妙想又如何？即使学生理解为作者的奇思妙想，那么奇思妙想的好文章多了，学习这些文章的时候，均冠以“奇思妙想吗？更重要的问题是，将《皇帝的新装》的主要价值解释为奇思妙想，会不会阻碍了学生理解文章揭示社会问题的深刻？联想到当前某电视台的所谓“励志剧”栏目，“人间正道是沧桑”明明是历史，怎么成了“励志”？《小姨多鹤》明明是命运，怎么成了“励志？这种荒唐的根源是一致的，只想用那个所谓的文化主题表明一种重视人文性的姿态，其他就不管那么多了。

第四，还要不要自主学习？

即使一个单元的文化主题能够涵盖该单元的所有课文，即使对每篇课文的主题都是恰当的，还是会遇到麻烦，甚至是更大的麻烦，那就是还要不要自主学习。对语文教学而言，最根本的自主学习，就是要让学生从课文的字里行间读出课文的思想内容。可是，主题组元却是，学生还没读课文呢，你就把课文的主题告诉学生了。这样，即使没有误导，也是包办代替，也是以编者对课文的理解代替学生对课文的理解。自主学习是这次课程改革最深刻的思想，为了突现语文课程的人文性，难道连最深刻的教育理念也可以弃之不顾吗？说到底，这是一种根深蒂固的心理作怪，在古代，经学是大学，语言学是小学。在“文革”时期，一切都要突出政治。在相当长的历史阶段，“左”是认识问题、方法问题，顶多是路线问题，而“右”却是立场问题。到了课程改革，许多人的潜意识里似乎觉得，不重视人文性，那是态度问题，甚至是立场问题，而自主学习，不过是一种学习方式么！

文化主题组元的误区，其根源在于两个方面的认识误区。一是语文教材如何体现语文课程的人文性。主题组元的初衷是好的，那就是突显语文课程的人文性，或者说张扬人文精神。然而，彰显语文课程的人文性，张扬人文精神，就一定要以文化主题来组织单元吗？两者之间存在着必然的联系吗？这一问题值得深思。其实，语文教材的文化主题组元与语文课程的人文性并无必然的联系。语文课程的人文性体现在教材选文的文化内涵和价值观念。课程改革语文实验教材在这方面取得了巨大的进步。例如苏教版初中语文教材的《明天不封阳台》《多一些宽容》《事物的正确答案不止一个》，人教版初中语文教材的《敬畏自然》《奇妙的克隆》，语文版初中语文教材的《世上没有傻问题》《懒惰的智慧》《地球的极限》等，都是体现时代精神和先进价值观的好文章。二是语文课程的性质定位。2001 版《语文课程标准》提出"工具性与人文性的统一是语文课程的基本特征"是正确的。但当时对人文性的强调超过了工具性。因此一些教材的文化主题组元也许出于无奈，并非编者语文教育思想的真实体现。洪宗礼先生将其研究所定名为"母语教材研究所"，就鲜明地体现了他的语文教育思想：语文教育是母语教育。洪先生的语文教育思想博大精深，可与三老媲美。而且他是长期在语文教学的第一线的语文教育家，又是语文教材编写的大家，课程改革之前就编写过质量很高的语文教材。人教社有一批语文教材的编写专家，文化主题组元恐怕也并非他们语文教育思想的本来选择。

文化主题组元的困难归根结底都是因为没有把握语文课程的本质，未能遵循语文教育的根本规律。2011 版《语文课程标准》在"课程性质"中明确指出："语文课程是一门学习语言文字运用的综合性、实践性课程。"在"课程理念"中说："语文课程是学习运用祖国语言文字的课程。"显然，语文教育就是母语教育。语文教材编写原则的第一坐标应当是母语学习的规律，培养和提高理解和运用祖国语言文字能力的规律，而不是别的什么文化坐标。

反思了主题组元的误区，我们再来看文体组元。

文体组元的合理性，首先就在于合乎培养和提高学生理解和运用祖国语言文字能力的规律。既然语文课程是学习祖国语言文字的课程，既然培养和提高学生理解和运用祖国语言文字的能力是语文课程的基本目标，那么课文的语言形式应当是语文教学的主要内容。而文体，恰恰是最大的语言形式，是文本语言形式的主导因素，文本语言形式的其他因素均受到文体这一主导因素的影响和制约。例如句式的长短。大家知道，叙事体文本多用短句，而议论体文本多用长句，因为叙事文本要展示事情的进程，过长的句子节奏会显得拖沓，而议论则需要表达严密的思想，往往需要更多的定语、状语、补语，往往需要以句子形式作句子成分，需要更多的复句甚至句群。又如辞格。叙事体的文本常用比喻、拟人、夸张等辞格，因其更需要生动。而议论体的文章常用对比、排比、设问、反问等辞格，因其更需要鲜明。

其次，文体组元可以科学地安排序列。就文体之间的关系而言，是先记叙文，后说明文、议论文。因为学生思维的发展规律是形象思维在前，抽象思维在后。在文体内部而言，记叙文是先简单的记叙文，后复杂的记叙文。例如，简单的记叙文是一般的记叙和描写，而复杂的记叙文是夹叙夹议。一般记事的记叙文和一般写景的记叙文较为简单，游记则较为复杂。议论文同样是先简单的议论文，后复杂的议论文，如演讲、悼词等。

再次，文体组元便于教学，便于确定教学目标和教学内容。记叙文的主要教学目标就是培养记叙文的阅读能力和写作能力。记叙文的教学内容应当有记叙的要素、记叙的顺序、记叙的中心、叙述和描写的表达方式。描写又可细分为肖像描写、动作描写、对话描写和心理描写。而主题组元的教学内容是不明朗的。例如苏教版七年级下册，布尔的《松鼠》是说明文，柳宗元的《黔之驴》是记叙文；《松鼠》是白话文，《黔之驴》是文言文。这样大的差异如何进行单元教学？如何明确把握这一单元的教学重点？

早在1949年，郭绳武先生就在《初中国文课程标准草案中的几个问题》一文中指出："任何一篇文章都包含无数的规律，在教学上，决不能一下子全面地提出问题，解决问题，必须有计划有步骤地，根据学生的学习规律，逐步地适当地提出问题解决问题，以语文规律划分单元的实际意义就在于此。"学习语文的规律是我们选择组元方式的根本出发点。从这一原则出发，语文教材还是文体组元好。既然2011版《语文课程标准》提出了"语文课程是学习运用祖国语言文字的课程"的思想，语文教材的组元方式就应当义无反顾地回归文体组元。当下实验教材的修订，正是解决问题的契机。

参考文献

1. [美]约翰·杜威. 我们如何思维[M]. 北京:新华出版社,2010.

2. Robert H. Ennis. Critical Thinking: A Streamlined Conception[J]. *Teaching Philosophy*,1991.

3. 曾美英,侯伯明主编. 应用教育心理学[M]. 贵阳:贵州人民出版社,2008.

4. P. Facione. Critical Thinking: A Statement of Expert Consensus for Purposes of Educational Assessment and Instruction(《批判性思维:教育评估与教学目的的专家共识声明》)[R]. 1990.

5. [英]马丁·科恩. 101个哲学问题[M]. 北京:新华出版社,2005.

6. 武宏志,张志敏,武晓蓓. 批判性思维初探[M]. 北京:中国社会科学出版社,2015.

7. 谷振诣,刘壮虎. 批判性思维教程[M]. 北京:北京大学出版社,2006.

8. 董毓. 批判性思维原理和方法——走向新的认知和实践[M]. 北京:高等教育出版社,2010.

9. 曹林. 时评中国5[M]. 北京:北京大学出版社,2025.

10. 谢小庆. 申辩式思维[M]. 上海:学林出版社,2016.

11. 徐飞. 给中学生的批判性思维书[M]. 南京:江苏凤凰教育出版社,2019.

12. 徐贲. 明亮的对话:公共说理十八讲[M]. 北京:中信出版社,2014.

13. [美]伦道夫·A. 史密斯. 挑战你的成见——心理学批判性思维[M]. 北京:中国人民大学出版社,2010.

14. [加拿大]道格拉斯·沃尔顿. 论证评价与证据[M]. 北京:中国政法大学出版社,2023.

15. [英]马丁·科恩. 批判性思维入门[M]. 太原:山西人民出版社,2023.

16. 殷海光. 逻辑新引[M]. 北京:应急管理出版社,2020.

17. 武宏志,刘春杰主编. 批判性思维——以论证逻辑为工具[M]. 西安:陕西人民出版社,2025.

18. 余党绪. 思辨读写十讲[M]. 北京:商务印书馆,2024.

19. 王习胜,张建军. 逻辑的社会功能[M]. 北京:北京大学出版社,2010.

20. 吴格明. 逻辑学基础[M]. 南京:南京师范大学出版社,2023.